KB133358

다윈의 안경으로 본

인간동물 관찰기

Original title: Darwin in de supermarkt. Of hoe de evolutie ons gedrag dagelijks beïnvloedt.
Translated from the Dutch language
www.lannoo.com

다윈의 안경으로 본

인간동물 관찰기

마크 넬리슨 지음 | 최진영 옮김

푸른지식

일러두기

● 표시는 편집자 주입니다.

머리말

다윈의 안경

"잠들기 전에, 마음을 오롯이 들여다보자. 새벽녘부터 저녁놀이 질 때까지, 그 누구도 상처 입히지 않았는지 스스로 살펴보기 위해서."

밝은 조명이 비추는 강단에서 분홍색 발레리나 치마를 입은 가녀린 소녀가 준비한 시를 읊었다. 그러고는 부끄러워 얼른 대기실로 들어가려는 듯 뒤로 돌았다. 소녀가 읽은 그 문장, 또는 그저 그 소리 들은 아름다운 가치를 담고 있었다. 하지만 강단의 소녀는 시를 읊는 것에만 급급하여 그 의미가 머릿속에 머무르지 않고 흘러갔으리라. 그때, 내 옆자리에 앉은 남자가 자기 부인에게 조용히 속삭였다.

"웃기지도 않아. 저런 구닥다리 같은 얘기라니."

그 말에 부인이 재빠르게 반박했다.

"당신도 참, 뭐가 구닥다리라는 거예요? 이야기를 잘 좀 음미해봐요."

나는 주저 없이 부인의 말에 동의했다. 장소가 장소인 만큼 조용히 마음속으로 말이다. 지어진 지 백 년은 되었을 알리스 나혼(Alice·Nahon, 1986~1933, 벨기에 안트베르펜 출신의 유명한 여류 시인-옮긴이)의 시가 아닌가! 요즘 시와 비교하면 세련미는 조금 떨어질지 몰라도 많은 진실을 담고 있다.

시끄럽게 떠들어 단상의 소녀를 괴롭히고 싶지는 않다만, 두 부부에게 마음 들여다보기, 즉 발자취를 찾아보는 것은 우리 모두가 해야 할 일이라고 말해주고 싶었다. '오늘 하루는 괜찮았나?', '누군가를 상처 입히지는 않았나?' 하고 자문하는 것이다. 누구나 실수를 저지를 수는 있다. 하지만 그 실수를 되짚어보지 않으면 어떠한 교훈도 얻을 수 없다. 내 이웃이여, 어떻게 생각하는가? 충분히 시간을 두고 과거를 들여다볼 때 비로소 성숙한 인간이 될 수 있다. 한 발자국 떨어져서 보는 것, 그것이 바로 오늘의 핵심이다.

'한 발자국 떨어져서!, 자신의 실수를 분석하는 일은 물론 쉽지 않다. 하지만 시간을 충분히 할애한다면 불가능한 것도 아니다. 가끔 별 이유 없이 잠들고 싶지 않을 때가 있지 않은가? 그렇다면 시간은 충분하다. 이웃이여, 내 말에 동의하는가?

나는 상상 속에서 소녀를 비난하는 이웃의 귀에 대고 속삭였다. '자기가 저지른 실수를 마치 남의 실수 보듯 냉정하게 분석할 수 있는 사람이 최후의 승자죠. 실패는 성공의 어머니이지 나를 해치는 적군이 아니에요' 내 비난의 눈초리를 알아챘는지 이웃도 같은 눈길로 나를 쏘아보았다. 그의 눈은 마치 '이런 샌님을 봤나. 그렇게 남의 일에 사사건건 간섭하는 건 종교인에게 맡겨두라고!'라고 말하는 듯했다. 나는 무안해져서 강단으로 눈을 돌릴 수밖에 없었다.

> "누군가에게 눈물을 쏟게 하지는 않았는가? 누군가의 마음을 아프게 하지는 않았는가? 가슴이 메마른 이들에게 작은 사랑의 말을 건넸던가? ……."

옆자리 남자의 말이 맞다. 이런 식으로 말해봐야 요즘에는 어디서도 통하지 않으리라. 하지만 알리스 나혼의 시어는 여전히 내가 가고자 하는 방향을 말한다.

그녀가 말하는 마음 들여다보기는 실수와 잘못된 선택에만 국한되지 않는다. 그 밖의 모든 행동도 현미경 아래에 두고 살펴보라고 말한다. 일상에서 벌어지는 크고 작은 사건에서 우리가 특정 행동을 하는 이유, 또는 하지 않는 이유를 이해하면 할수록 좋다. 그러고 보면 인간이야말로 가장 흥미로운 관찰 대상이라고 할 수 있다. 우리가 하는 행동을 찍은 다큐멘터리가 있다면 화성인조차 그것을 보는 데 중독될 것이다. 그런데 정작 당사자인 우리가 그것을 인식하지 못하는 것은 아마도 우리가 그 흥미진진한 쇼 안에서 살아가기 때문이다. 인기 드라마의 주인공도 연기 중에는 그 장면의 재미를 못 느끼지 않는가. 강단에 선 저 가녀린 소녀도 어두운 강당 안의 관객만 바라볼 뿐, 부끄러워하는 자신의 귀여운 모습은 보지 못하는 것처럼 말이다. 재차 강조하는데, 중요한 것은 그 쇼 안에서도 자신과 거리를 두고 스스로를 관찰하는 것이다. 잠들기 전 마음 들여다보기는 형식적으로 마음속을 들여다보는 것이 아니라, 특별한 안경을 쓰고 맨눈으로는 볼 수 없는 무언가를 살펴보는 데 진정한 목적이 있다. 어두운 밤에도 앞을 볼 수 있는 적외선 안경이나 영화에 등장하는 투시 안경을 쓰고 보듯이 말이다.

우리가 쓸 안경은 SFScience Fiction소설에만 존재하는 것이 아닌, 실제로 다윈이 우리에게 물려준 안경이다. 찰스 다윈의 업적과 통찰력은 20세기에 들어서야 겨우 인정받기 시작했다. 그의 업적은 모두가 생각하듯 생물학에만 국한되지 않는다. 인간이 환경에 따라 다르게 적응한다는 전제를 바탕으로 여러 세대에 걸친 환경의 변화가 인간에게 어떤 변화를 가져왔는지 알려주었다. 또한 이 변화 과정은 자연선택론의 영향 아래 놓여 있으며, 그 개념은 결국 진화론까지 이어진다. 우리의 눈에는 이 세계가 단순하게만 보이겠지만, 다윈은 그 특별한 안경을 쓰고 바라본 덕에 더 많은 진실을 이해할 수 있었다. 그 안경만 쓴다면 우리도 소수의 선택받은 사람만 볼 수 있는 세상의 이면을 알 수 있다. 이 세상을 매혹적인 삼차원3D 영화라고 가정해보자. 우리가 그 영화 속 주인공이라니 얼마나 재미있는가? 잠깐 화면 밖으로 빠져나와 편안한 의자에 앉아서 우리의 행동을 그저 바라보자. '당신이 잠자리에 들기 전에'

이 책은 어렵고 딱딱한 학술서가 아니다. 잠들기 전에 난해하고 복잡한 영화를 보는 사람은 없다. 가벼운 주제로 읽기 쉬우면서도 반드시 알아야 할 내용을 살펴보고자 한다. 전문용어를 쓰지 않았다고 해서 과학적 기초가 되는 사실을 무시한 것은 아니다. 어려운 지식 없이도 과학을 쉽게 이해할 수 있도록 짤막한 일화 형식으로 설명하고자 한다. 지금부터 우리는 다윈과 함께 인간의 행동으로 가득한 꽃밭을 산책하며 꽃과 나뭇가지를 꺾을 것이다. 어쩌면 거기에는 매우 어려운 주제가 숨어 있을지도 모른다. 이야기의 주제는 사소한 것부터 매우 심오하고 근본적인 것까지 폭넓게 아우른다. 가령 '당신은 회의 시간에 왜 팔짱을 끼는가'와 같은 소소한 질문부터 '지금의 나와 태어났을 때의 나는 같은 사람인가', 또는 '나는 왜 죽는가'와 같은 원론적이고 철학적인 질문까지 다룰 예정이다. 나는 이 모든 주제를 여러모로 섞어보기도 하고, 작은 꽃에서 큰 가지로 갔다가 다시 돌아오기도 할 것이다. 요컨대 삶의 모든 것을 다루겠다는 뜻이다. 읽다 보면 원하지 않아도 깊게 생각하게 되고, 다윈의 시선으로 점점 많은 이야기를 이해하게 될 것이다. 부디 그렇게 되기를 바란다.

이 책의 이야기들은 서로 얼기설기 얽혀 있다. 딱히 어떤 정형화된 구조를 계획하고 쓰지는 않아서 앞에서 언급한 이론이 뒤에서 또 튀어나올 수도 있다. 체계가 없어 보일 수도 있겠지만, 옴니버스 구조를 취한 탓이니 참작하여 읽어주길 바란다.

컴퓨터의 팝업창처럼 갑자기 떠오르는 생각을 정리해 모아놓은 책이라 이야기는 저마다 다른 장소에서 다양한 상황을 연출한다. 지금 당신이 읽는 이 면도 프랑스의 카마르그Camargue 해변에서 스마트폰으로 작성한 것이니, 내가 누워 있던 해변에서 읽는다고 상상해보는 것도 나쁘지 않을 것이다. 나는 때때로 기차 안이나 호텔의 테라스에서, 심지어는 회의 중에도 어떤 아이디어가 떠오르면 바로 기록해둔다.

이처럼 책을 쓰는 장소가 다양한 이유는 간단하다. 그저 길에서, 버스에서, 또는 시장에서 마주치는 다양한 사람과 그들의 행동이 행동생물학의 관심 주제이기 때문이다. 연구 대상을 찾는 것은 어렵지 않다. 그러나 가끔은 행동을 전부 해부하지 않는 것이 행동심리학의 맛이기도 하다. 때로는 행동을 낱낱이 해부하지 말고 그저 마음 편히 움직이는 여유를 갖자.

이 책의 이야기들은 과학 월간지 〈에오스Eos〉가 운영하는 개인 블로그 운영 시스템 사이로그Scilogs.be에 올린 내용이다. 이 블로그에 올린 글을 책으로 출판하자고 제의한 라프 스헤이르스Raf Scheers와 레이나우트 페르베케Reinout Verbeke에게 무척 감사한다. 과학적으로 저명한 잡지에 출판으로 이바지할 수 있어 매우 영광이다. 과학은 그 빠르다는 빛조차 샘을 낼 만큼 급격하게 발전하고 있는데, 그 때문에 평범한 사람들은 오히려 과학과 멀어지고 있다. 이 얼마나 슬픈 일인가. 이토록 매혹적인 과학이 또 앞으로 얼마나 발전할지를 생각하면 더욱 그렇다. 이런 상황에서 〈에오스〉는 블로그 운영을 통해 누구나 한 번쯤 과학을 맛볼 수 있도록 기회를 제공한다.

지난 수 세기 동안 인간의 행동은 그것이 무엇이라고 규정되기도 전에 통제되었다. 바로 종교, 정치, 철학 등이 인간이 해야 할 일과 하지 말아야 할 일을 통제했다.

그 누구도 인간의 행동을 종의 특성이나 생물학적으로 기능하는 시스템으로 인식하지 않았다. 대신 지구 상의 모든 것을 초월하는 존재인 인간이 스스로 자신의 행동을 만들고 규정해왔다고 말했다. 근대에 이르자 우리의 행동을 만들어지고 규정된 것이 아닌 인류와 함께 진화한 생물학적 특성으로 인식하는 사람이 늘어났다. 인류의 행동을 연구 대상으로 삼을 수 있으며, 우리를 더 깊이 이해하려면 반드시 이를 연구해야 한다는 의견이 나오기 시작했다. 비로소 행동이 인간의 한 부분이 된 것이다. 그 행동의 길잡이로는 이성적이고 우월한 인류의 '의식'이 선택되었다. '의식'은 지구 상의 모든 존재를 초월한다. 오늘날에는 다행히도 폭넓고 현실적인 관점의 행동생물학이 등장했다. 바로 '이 모든 것은 어디에서 왔는가'라는 질문과 함께 말이다. 다윈은 이 질문에 더욱 접근할 수 있도록 우리에게 안경을 선물했다.

책을 읽으면서 인상 깊은 내용을 종이에 메모해도 좋고, 이 책의 이야기로 하루를 마무리하는 것도 나쁘지 않을 것이다. 하루하루 지날수록 우리의 본질을 차츰 알 수 있을 것이다. 인간의 행동을 그린 이 책의 풍경 속에서 산책을 즐겨보자.

나는 결국 옆자리의 이웃에게 이 책의 제목을 적은 종이를 건네주었다.

"알리스 나혼의 책이오?" 그가 물었다.

"아뇨. 이 책은……, 그냥 일단 읽어보세요."

그가 종이에 휘갈겨진 제목을 읽는 동안 분홍색 발레리나 치마를 입은 소녀가 허리를 굽혀 인사했다. 그리고 우렁찬 박수를 받으며 강단에서 내려왔다. 그녀의 '마음 들여다보기'에 대한 질문은 그렇게 막을 내렸다. 이제는 내 질문을 시작할 차례다.

마크 넬리슨

목차

관찰 1단계

인간이 가장 우월하다고 생각하는 이들에게

여자의 환심을 사려는 남자들의 오랜 수법

사람들이 야외 카페에 가는 이유는 단순히 주변 사람들을 훔쳐보고 누가 더 나은지 점수를 매기기 위해서다. 특히 여성은 더욱 주목의 대상이 되기 쉽다. 물론 나는 그러한 목적으로 여성을 훔쳐본 적이 단 한 번도 없다. 순수하게 과학적인 목적의 관찰이라면 이야기가 다르지만……. 나는 어디까지나 순수하게 관찰한다!

햇볕이 내리쬐는 스페인의 한 카페, 우리 옆에 앉은 뚱뚱한 남자가 지금 막 맥주 한 잔을 깨끗이 비우고 자기 배를 두드리며 계산서를 요청했다. 아르바이트생인 듯한 젊은 남자 종업원이 "2유로입니다."라고 대답했다. 남자는 동전까지 탈탈 털어 정확히 2유로를 테이블 위에 올려놓았다. 그가 일어서서 자리를 떠날 채비를 하는 동안, 조금 전의 종업원이 앞치마를 벗어 다음 타임의 아르

바이트생에게 넘겨주었다. 아직 열아홉 번째 생일 파티도 하지 않았을 듯한 금발 머리의 어린 '여성'이다. 높게 올려 묶은 포니테일 머리, 깊게 파인 상의와 짧은 치마. 오늘 날씨와 잘 어울리는 차림이었다. 그녀가 오는 것을 본 그 뚱뚱한 남자는 순식간에 그녀의 머리 꼭대기부터 발끝까지를 훑어내렸다. 그리고는 자리에 앉아 그 여자 종업원을 불러서는 "맥주 한 잔요!"라며 다시 주문했다. 곧 잔을 깨끗이 비운 남자는 일어나 계산하려고 했다. 아까도 맥주를 시킨 터라 얼마인지는 이미 알 텐데, 굳이 금액을 물었다. 여자의 눈을 지그시 바라보면서 말이다. 불필요한 '2유로'라는 대답을 유도한 후, 남자는 윙크하며 매너 있는 손짓으로 그녀 앞에 3유로를 내밀었다.

짧은 치마를 입은 그녀는 신이 선사한 듯한 활짝 웃는 얼굴로 2유로를 카운터에 밀어넣고 나머지 1유로는 자기 주머니에 챙겨 넣었다. 그녀가 다른 손님에게로 가자 남자의 시선이 그녀의 등 아래쪽에 머물렀다.

모든 장면을 지켜본 내 아내는 이해할 수 없다는 듯 중얼거렸다. 첫 번째 남자 종업원은 아무것도 받지 못했건만 두 번째 여자 종업원은 맥줏값인 2유로의 50퍼센트를 팁으로 받았기 때문이다.

"그게 전부는 아냐." 나는 아내에게 말했다.

"공평한 행동은 아니지만, 다윈의 이론에는 철저하게 부합하는 행동이지."

"설마 지금부터 다윈이 팁에 대한 논문을 썼다고 강의하려는 건 아니지?"

그러면서 나를 한 대 툭 치는 그녀의 눈에서 나에 대한 사랑의 온도가 10도는 내려간 것을 볼 수 있었다.

"꼭 그렇다는 건 아니고."

"논문까지는 아니어도 뭔가 있긴 한 모양이지? 어디 한번 얘기해봐."

아, 여자들이란.

우리 아이들은 태어나고 성장해서 스스로 자기 아이를 돌볼 수 있을 때까지 필요한 모든 보살핌을 받는다. 또 아이들이 아플 때 치료해줄 의료 기관도 곳곳에 널렸다. 아이들 스스로 그 대가를 치를 수 없는데도 말이다. 그러니 모든 엄마는 자신이 있든 없든 아이가 잘 자랄 것이라고 확신할 수 있다. 아이에게 충분한 교육 환경을 제공하는 학교가 있고, 아이를 나쁜 사람들에게서 보호하려는 정치와 정의가 있으니 말이다. 하지만 우리의 시계를 십만 년 전으로 돌려보면, 지금 우리가 당연하게 생각하는 도움은 존재하지 않았다. 그 시절 엄마들은 막 태어난 아기는 물론 자라는 아이들을 먹이고 가르치고 보호하고자 온 힘을 쏟아야 했다. 그렇게 극진히 보살펴도 아이가 살아남을 확률은 그다지 높지 않았다. 세균이나 병원균 같은 위험 요소가 존재했고, 요즘처럼 집을 나서자마자 음식을 살 수 있는 식료품점이나 24시간 편의점이 있는 환경이 절대 아니었다. 더욱이 사나운 육식동물이나 유괴범이 득시글대서 먹을 것을 구하러 나가려고 아이를 혼자 남겨둘 수도 없었다.

"그러니까, 그 돌보는 값으로 엄마들이 팁을 받아야 한다는 거야?" 아내가 비아냥댔다.

"잠깐, 좀 더 들어봐."

엄마의 도움이 있으면 아이의 생존율은 눈에 띄게 높아진다. 인간은 다른 동물들보다 뇌의 크기가 커서 미성숙한 상태로 일찍 태어난다. 따라서 어린 시절도 길어지므로 생존하려면 도움이 절실하다는 것을 잊지 말자. 그 어떤 도움이라도 상관없다. 그 도움은 할머니, 이모, 아빠 등 누구에게서나 받을 수 있었다. 그중에서도 가장 좋은 해결책은 아빠의 도움이었으리라. 순수하게 생물학적 관점에서 보면 아이의 존속은 곧 자기 유전자의 존속을 의미하므로 남자에게도 이득이다. 따라서 엄마는 아이가 태어나기도 전부터 아이 아빠가 양육을 위해서 노력을 다하리라고 확신한다. 좋은 아빠가 될 만한 사람은 엄마에게 번식 확률을 더 높여주기도 한다. 그렇게 번식이 시작되었다.

아빠가 제공하는 것이 많을수록 아이가 충분한 음식과 보살핌, 교육 등을 받을 기회가 많아지기 마련이다. 이 많은 것을 제공하려면 당연히 아빠가 부유해야 한다. 생물학에서는 이를 일컬어 '충분한 자원에의 접근'이라고 한다. 그중에서도 가장 중요한 것은 속한 그룹에서 존경받는 것이다. 존경하는 사람을 위해서라면 구성원은 아낌없이 도움을 제공하기 때문이다. 사람들은 평범한 옆집 아저씨보다는 존경하는 사람의 말에 더 귀 기울이기 마련 아닌가.

마지막으로 중요하게 여겨지는 것은 아빠의 지적 능력이다. 지식 수준이 높은 아빠일수록 아이에게 더 좋은 교육을 할 수 있고, 그 결과 아이의 미래를 더욱 확실하게 보장하기 때문이다.

"그래서 팁을 받는다는 거야?"

"일단 커피나 마셔봐."

십만 년 전, 심지어는 그보다 오래전 여성들도 이러한 지식이 있었다. 이론적 바탕이 없어 구체적으로 알지는 못했지만 본능적으로 느꼈다. 심지어 잠재적인 아빠 후보자 사이에서 가장 제대로 된 한 명을 뽑을 때도 머릿속으로 그런 요소들을 고려했다. 우선권은 충분한 자원을 보유하고 조직에서 명성이 있는 등의 요소를 갖춘 남성에게 주어졌다. 하지만 문제가 있었다. 아직 뱃속에 생기지도 않았고 자신이 꿈만 꾸는 아이를 위해 어떤 남자가 가장 좋은 조건을 갖추었는지를 항상 바로 알아볼 수 없었다는 점이다. 남자들의 이마에 은행 잔액 증명서가 붙어 있는 것도 아니지 않은가? 이런 이유로 우리 조상 할머니들은 한 가지 속임수를 쓰기 시작했다.

"팁!"

"바로 그거지."

남자들은 눈에 보이는 팁으로 보이지 않는 자신의 매력을 뽐내기 시작했다. 인심 좋은 남자는 충분한 자원을 보유했다는 사실 하나로 주위 사람들에게서 인기를 얻었다. 훌륭한 사냥 솜씨 덕에 넉넉히 확보한 사냥감을 인심 좋게 주위에 분배했기 때문이다.

먹을 것이나 다른 물건을 분배한다는 것은 자원이 충분히 있다는 것이고, 이는 곧 부를 뜻했다. 이렇게 자원을 분배하는 잠재적인 아빠들은 꿈에 부푼 예비 엄마들에게 일찌감치 선택받아서 결국 진짜 아빠가 될 수 있었다. 부자라는 명성을 얻고 싶다면 남녀 할 것 없이 누구에게나 인심을 베풀면 되는데, 이때 가장 효과적인 방법은 여성에게 선물 공세를 하는 것이었다. 그렇게 계속해서 인심을 보여주다 보면 결국에는 유전자를 남길 기회까지 얻게 되었다. 아내가 나를 쳐다보았다.

"그러니까 아까 그 맥주 마시던 뚱뚱한 남자가 1유로를 주고 저 아르바이트하는 여자애랑 아이를 갖고 싶어 한다는 거야?"

쉽사리 인심을 보여준다고 해서 꼭 그 상대와 아이를 갖고 싶다는 말은 아니다. 하지만 우리 조상 할아버지로부터 대대로 내려온 번식에 대한 본능은 현재를 살아가는 우리의 행동과 관계에도 영향을 미친다. 이는 마치 남성의 머릿속에 활성화되어 있는 작은 프로그램과도 같다. 이것은 일단 작동을 시작하면 필요와 상관없이 항상 활동하는 프로그램이다. 이 프로그램이 남자에게 말을 건다. '내가 당신 아이의 엄마가 될 만한 사람을 콕 집어주면 망설이지 말고 인심을 써서 당신의 명성을 높여요' 이런 이유로 여자에게 팁을 줄 수밖에 없는 것이다.

내 말을 확인해보려는지 아내는 바로 계산서를 요구했다.

"커피 두 잔 시키셨죠? 3유로입니다."

아내가 정확히 3유로를 꺼내서 테이블 위에 올려놓자, 금발의 종업원은 조금 전 뚱뚱한 남자에게 보였던 환한 미소를 보여주지 않았다. 그러자 아내가 그녀의 뒤통수에 대고 속삭였다.

"전 부자가 아니라서 당신의 아이에게 도움이 못 되겠네요."

"네? 뭐라고 하셨죠?"

인간이 가장 우월하다고 생각하는 이들에게

잠을 청할 요량으로 침대에서 읽을거리를 찾아서 들었다. 보통은 무언가가 머릿속에 들어오기도 전에 잠들어 버리지만, 오늘 밤은 조금 다르다. 지금 내 손에 들린 과학 잡지의 기사 두 편이 자꾸 잠을 쫓는다. 잊기 전에 잡지의 여백에 이렇게 이야기를 써 내려가야겠다.

사람만이 사고할 수 있고, 사람만이 사랑을 알며, 오직 사람만이 도구를 만들어 사용하고……. 우리는 그동안 부단히도 사람과 동물의 차이를 밝혀내려고 애썼다. 이 노력이 절망적인 이유는 여태까지 인간에게만 있다고 생각한 특성이 다른 동물들에게서도 발견되었기 때문이다. 인간을 제외한 고등 생물의 사고력은 무시할 만한 것이 아니며, 유인원에게서도 사랑을 인식하고 도구를 사용하는 모습을 찾아볼 수 있다. 분명히 인간만이 지니는 특성이 있을 것이다. 다만 인간만을 특별한 존재로 여겨서 다른 종의 동물과 구분하고 그 우월성을 강조하는 데 수천 개의 단어를 낭비하는 것은 바람직하지 않다고 본다. 얼마나 우스꽝스러운 일인가!

여기까지가 바로 나를 잠들지 못하게 하는 기사 두 편의 내용이다. 이 내용은 인간과 동물의 '차이점을 찾으려는 사람들'에게 큰 절망감을 안겨줄 듯싶다.

인간만이 우월하다고 생각하는 이들에게 조금 아픈 이야기를 하려고 한다. 방금 언급한 '수천 개의 단어'는 바로 이 기사의 연구 주제로 우리의 언어, 즉 '말'이다.

과거에 FOXP2라는 유전자에 대한 관심이 치솟던 때가 있었다. 이 유전자가 손상된 한 가족이 세상에 알려졌기 때문이다. 이 가족은 구성원의 반 이상이 언어장애가 있었는데, 그중에서도 문법, 언어를 이해하는 능력, 그리고 쓰기 능력에서 문제가 발견되었다. 특히 가장 눈길을 끈 것은 언어를 유창하게 구사하는 데 필요한 움직임, 즉 입과 얼굴의 근육운동이 어색하다는 점이었다. 고작 유전자 하나의 변이가 언어 구사에까지 영향을 미치다니! 당시 언론의 열기는 대단했다. 드디어 '언어유전자'가 탄생했다는 둥, 한술 더 떠 그 유전자가 인간과 여타 동물을 구분할 결정적인 유전학적 근간이자 인간을 정의할 수 있는 근거라고 치켜세우며

호들갑을 떨었다. 그것이 사실일까? 너무 근시안적인 해석은 아닐까? 볼 것도 없이 이상과 현실은 전혀 달랐다.

백 보 양보하여 FOXP2가 인간의 언어 구사와 발달에 큰 공헌을 했다고 쳐도, 그것이 인간과 동물을 구별하는 결정적인 단서라고 하기는 어렵다. 흔히 조절유전자로 알려진 FOXP2는 다른 유전자의 행동을 지정하는 기능이 있다. 인간이 아닌 다른 동물에도 비슷한 유전자가 널리 퍼져 있는데, 심지어는 곤충마저 형태는 다르지만 같은 기능을 하는 유전자가 있다고 한다. 예컨대, 쥐와 인간의 FOXP2는 세 가지 차이밖에 없으며 원숭이, 고릴라와는 심지어 두 가지 차이밖에 없다. 한마디로 그 차이가 매우 경미하다. 우리가 여기서 유추해낼 수 있는 것은 이런 종류의 유전자는 매우 오래전부터 존재했는데, 인간의 FOXP2는 다른 동물의 그것과 차이가 적은 만큼 진화의 역사가 굉장히 짧다는 사실이다. 과학자들은 이 변이가 고작 20만 년 전에 일어난 것으로 추측하는데, 이는 현생 인류가 출현한 시기와 같다.

흥미롭게도 현생 인류의 사촌이라고 할 수 있는 네안데르탈인 역시 같은 변이를 겪었다. 여기서 눈길을 끄는 것은 만화 속에서는 흔히 원시인으로 묘사되는 네안데르탈인에게 현생 인류의 특성으로 보이는 유전자가 있었다는 점이다. 그렇다면 그들이 이미 오래전부터 지금 우리가 사용하는 언어와 별 차이가 없는 언어를 알았으며, 따라서 현대인과 마찬가지로 진화한 인류라고 보아야 하지 않을까? 물론 실제로 언어를 구사하는 데 필요한 다른 유전자도 있었다고 가정하면 말이다. 내가 하고 싶은 말은 고작 단 한 개의 유전자로 현생 인류의 특성을 논하면서 같은 유전자가 있는 다른 종은 원시적이라고 깎아 내리는 것은 옳지 않다는 것이다. 하지만 뭐, 우리가 하고자 하는 이야기는 이것이 아니니 우선은 저쪽으로 미루어놓자.

우리가 이 연구 결과에서 주목해야 할 점은 그 유명한 '언어유전자'가 기나긴 음성언어의 진화 과정에서는 하나의 작은 요소일 뿐이라는 것이다. 이 유전자는 새들의 지저귐과도 큰 관련이 있다. 결국 음성언어와 언어 구사는 갑자기 생겨난 것이 아니라 오랜 세월 동안 통합적으로 발전하며 진화한 것이다.

자, 이렇게 인류와 다른 동물의 차이점이 또 한 가지 사라졌다. 그렇다면 동물과 구별되는 인간만의 특성을 우리 사회에서 찾아보는 것은 어떨까? 예를 들면, 민주주의는 어떤가? 민주주의가 바로 우리 인간만의 특징이 아닐까? 계속해서 살펴보자.

몇 년 전 프랑스의 스트라스부르Strasbourg 영장류학센터에 방문했을 때, 센터의 실험 대상인 인도네시아산 토기안원숭이Tonkean macaque가 내 눈길을 끌었다. 왜 그랬을까? 그 원숭이에게 어떤 매혹적인 특징이 있었는지는 잘 모르겠다. 그런데 최근 스트라스부르에서 이 동물 연구가 활발히 이루어지고 있다. 그중 한 가지가 오늘 이야기에 딱 들어맞으므로 그것을 조금 더 살펴보자.

그곳의 생물학자들은 토기안원숭이 무리가 이동 시에 어떻게 방향을 결정하는지를 연구했다. 열 마리에서 스무 마리 정도로 구성된 동물 무리가 이동할 때, 서로 다른 길을 선택한다면 그 무리는 와해하고 말 것이다. 그렇다면 이 이동 경로는 과연 어떻게 지정되는 것일까? 영장류학센터의 연구가 바로 이 궁금증을 풀어주었다.

음식이 있는 쪽으로 몇 미터쯤 앞서 나간 무리의 원숭이 한 마리가 잠시 그 자리에 서서 자기 무리를 뒤돌아보았다. 그러자 나머지가 선두 주자를 따라가기로 한다. 이때 만약 무리에 속한 원숭이 두 마리가 각자 다른 이유로 정반대 방향을 향해 움직인다면 어떻게 될까? 바로 여기서 이 실험이 흥미로워진다. 한 마리는 먹이 쪽으로, 다른 한 마리는 장난감 쪽으로 방향을 선택했다고 하자. 두 마리 모두 추종자들을 거느리고 있으니, 이 두 마리가 움직이면 한 무리의 추종자는 음식 쪽으로 가고 다른 추종자 무리는 장난감 쪽으로 갈 것이다. 그럼 이 무리는 그대로 와해할까? 이번에는 선두 주자를 세 마리 또는 네 마리까지 늘려보자. 어떻게 될까? 혹자는 무리가 완전히 분리될 것이라고 생각할지도 모른다. 하지만 그렇지 않다. 결국에는 머릿수가 가장 많은 무리로 모이기 때문이다. 원숭이들은 각 방향에 몇 마리가 있는지 '수를 헤아려서' 소수가 다수의 동기를 쫓아간다. 여기에서 과반수 결정이라는 우리 사회의 특성을 볼 수 있다. 우리가 민주주의라고 명명하는 바로 그것이다. 역사 시간에 배우기를 이 시스템은 고대 그리스에서부터 시작되었다고 하는데, 사실은 그보다 오래된, 백만 년도 더 된 시스템인 것이다.

현존하는 의회 제도가 토기안원숭이 무리와 같다고 말할 수 있을까? 어떻게 인간을 원숭이와 비교하느냐고 기분 나빠할 사람도 있겠지만 이 경우는 그렇지 않다. 우리의 민주주의는 논쟁을 벌이고 타인의 주장을 가늠해 받아들이고 소수 의견을 존중하는 등 눈에 띄게 발전해왔다. 하지만 우리는 이 실험을 통해 인도네시아의 원숭이 무리에서도 민주적 결정이 이루어진다는 것을 볼 수 있다. 또한 사슴 무리에서도 같은 현상을 찾아볼 수 있다. 결국 인류의 조상일지도 모를 원숭이 또는 다른 동물에게도 현생 인류가 나타나기 전부터 인간 세상의 가장 중요한 대들보가 존재했다는 뜻이다.

그렇다면 여기서 우리가 배울 점은 무엇일까? 사람과 동물의 명확한 차이점을 계속해서 찾는 것은 절망을 가져다줄 뿐이라는 점이다. 우리가 찾았다고 생각하는 인간만의 특성은 사실 현생 인류가 존재하기 이전의 동물에게도 이미 나타났던 특성이며 과거의 진화에 그 뿌리를 두고 있다. 또한 그 형태가 계속해서 심화되고, 복잡해지고, 축적되어 가는 모습을 수시로 확인할 수 있다. 즉, 이미 존재하던 특성에 인간만의 특징이라고 이름 붙인 것일 뿐이다.

종이의 여백이 다 차버렸다. 내일은 이 내용을 컴퓨터로 옮겨야지. 내일? 그새 바깥에서는 동이 텄다. 곧 알람시계가 시끄럽게 나를 깨우겠지. 이 내용을 쓰는 데 꼬박 하룻밤이 걸렸다. 내가 읽고 쓰는 속도가 느리긴 하다. 어쩌면 내 FOXP2에 문제가 생긴 것일까?

편집증은 정말 정신 질환일까?

몸 상태가 좋지 않다고 느낀 한 수학자가 주치의에게 전화를 걸었다. 이미 체온계를 설명서에 적힌 대로 정확히 십 분 동안 몸의 한 구석에 껴 넣은 후다.

"어디가 아프시죠?"

전화를 받은 의사의 질문에 수학자가 큰소리로 대답했다.

"열이 있습니다!"

"얼마나요?"

"정확히 37.3도요."

환자의 대답을 들은 의사가 말했다.

"제가 그 정도 열에 굳이 찾아가야겠습니까? 그건 열도 아니라고요!"

그러자 환자는 지체 없이 수학적인 분석을 내놓았다.

"몸에 열이 난다는 건 체온이 정상 체온보다 높다는 것 아닙니까? 인간의 정상 체온은 37도이고, 37.3도는 분명히 37도보다 높지 않습니까! 그러니까 저는 열이 나는 거고, 그래서 선생님께 전화를 드린 겁니다."

의사가 한숨을 쉬며 대답했다.

"제가 말하는 열은 38도 이상입니다……."

그 말에 수학자가 다급하게 말했다.

"정상 체온인 37도가 넘었으니 열이라니까요."

자, 열에 대한 격렬한 논쟁이 시작되었다.

이 둘 중 누구의 말이 옳은 걸까? 아마 대부분 독자는 의사의 손을 들어주리라. 하지만 우리 모두 수학자와 같은 행동을 번번이 저지른다는 사실을 부인할 수 없을 것이다. 즉, 흑백논리에 근거하여 사고하는 것이다. 우리는 건강할 수도 아플 수도, 열이 있을 수도 없을 수도, 우리의 몸과 마음이 정상으로 또는 비정상으로 기능할 수도, 이성애자일 수도 동성애자일 수도 있다. '열이 나는' 수학자와 짜증이 난 의사의 논쟁은 흑과 백 사이에 회색 지대가 있다는 사실을 보여준다. 현재 당신의 체온이 정상보다 높은 37.3도일지라도 그 외에는 아무런 증상이 없다면, 아픈 것이 아니라는 말이다. '열이 나지 않는다'에서 '열이 난다'까지는 점차적인 단계가 있다.

우리는 점진적 단계가 아닌 흑백논리로 생각하는 경우가 많다. 하지만 아플 때도 서서히 몸이 안 좋아지듯이 점진적인 단계를 거치는 것이 더 보편적인 현상이다. 이러한 점진적 변화는 우리의 행동과 의식에서도 찾아볼 수 있다.

생물학적인 안경을 끼면 정상에서 비정상까지 점차적인 변화를 어렵지 않게 찾아낼 수 있다. 인간의 몸과 마음은 0과 1만 존재하는 이진법으로 기능하지 않으며, 스위치 하나로 켜고 끌 수 있는 전자 기기도 아니다. 우리의 삶은 아날로그에 비유할 수 있으며, 따라서 모든 일에는 이행기 또는 중간 단계가 존재한다. 편집증에 대한 최근 연구가 이 현상을 쉽게 풀이해놓았다. 행동생물학에서 다윈의 관점으로 편집증을 바라보는 것은 꽤나 흥미롭다. 편집증은 흔히 비정상적인 심리 상태를 초래하는 정신장애로 알려졌는데, 그 증상으로는 타인에게 쫓기는 듯한 공포감, 비판받는 것에 대한 불안 등이 있다.

하지만 이것이 정말 정신 질환일까? 과연 편집증을 흑백논리의 틀에 집어넣을 수 있을까? 나는 아니라고 본다. 예상 밖으로 편집증적 사고방식을 지닌 사람이 많기 때문이다. 조금 전에 언급한 최근 연구도 누군가에게 쫓기는 듯한 느낌은 누구에게나 일상적으로 나타날 수 있다는 것을 시사한다. 우리 주변에서도 세 명 중 한

명은 이런 증상을 보인다고 한다. 자그마치 세 명 중 한 명이 정신 질환을 앓고 있다니 무섭지 않은가? 혹시 우리가 단지 인간의 이성과 논리를 과신하는 것은 아닐까? 아무래도 그런 것 같다. 우리의 이성은 매일의 일상에 단지 미미한 영향을 미칠 뿐이다. 자신을 몇 분 동안 관찰해보자. 아마 의식의 낮은 수준에 있는 감정과 느낌에 상당히 좌우됨을 알 수 있을 것이다. 그리고 넘쳐나는 그 감정을 분석해보면 더는 편집증이 장애로 여겨지지 않을 것이다.

이 연구의 실험이 눈길을 끄는 것은 새로운 방식의 행동 관찰을 제안하기 때문이다. 이 연구 방법은 매우 독창적이고 혁신적이어서 미래에 널리 사용될 것이라고 예상되므로, 여기에서 자신 있게 예시로 삼고자 한다.

잠깐 선생님 티를 좀 내보자면, 약 십 년 안에 우리는 인간의 행동을 이러한 방식으로 읽게 될 것이라고 단언한다. 뭘 읽느냐고? 가상현실 속 행동이다. 이 실험에서 피실험자는 매우 복잡하게 설계된 헤드셋이나 안경을 쓰게 된다. 이 기계를 착용하면 그 안에서 가상현실을 경험하게 된다. 실제처럼 자유롭게 돌아다닐 수 있으며 전철 안을 걸어 다닐 수도 있다. 그리고 그 안에서 일상적인 모습을 보여주는 '사람', 즉 아바타를 만나게 된다. 이 아바타들은 앉아서 신문을 읽거나 피실험자를 바라보기도 하며 몇몇은 길을 막기도 한다. 이 실험에 참여했던 피실험자 세 명 중 한 명은 이 아바타들의 시선이 실제 인간의 시선보다 더 강하게 느껴져 위협을 느꼈다고 말했다. 즉, 편집증적 증상을 보였다. 가상 세계 속이긴 하지만 늘 접하는 일상적인 상황에 그러한 반응을 나타낸 것이다.

피실험자를 상대로 심리 테스트를 한 결과, 가상현실 체험에서 편집증적 증상을 보인 피실험자들은 평소에도 종종 불안감을 느꼈고 자아상self-image이 낮은 것으로 밝혀졌다. 즉, 인간의 감정이 진화로 형성되었다는 생리학적 본질을 전제로 생각해보면 편집증은 정신병이 아닌 그저 우리가 일상적으로 볼 수 있는 현상이라고 유추할 수 있다.

아바타를 이용한 실험은 꽤 효율적이었다. 그렇다면 여기서 우리가 감정에 대해서 알아야 할 것은 무엇일까?

첫째, 불안은 편도체amygdala에서 만들어지는 본능적인 감정이다. 이 편도체는 인류의 오랜 진화 과정 속에서도 사라지지 않고 남아 있는 뇌핵으로 우리의 의식과 별개로 매우 빠르게 움직인다.

무언가 끔찍한 것을 목격했다고 가정해보자. 우리가 그 사실을 의식하기도 전에 편도체는 불안이라는 감정으로 대응한다. 그래서 우리는 이성적으로는 불안을 느끼지 않을 것들에도 쉽게 불안을 느낄 때가 있다. 잔디 위의 호스를 예로 들어보자. 의식적으로 호스를 관찰한다면 그것을 위험하지 않은 고무 물질, 정원에서 쓰기 편한 물건으로 인식할 것이다. 그런데 이렇게 의식적으로 대상을 뇌에 등록하기 전에 우리의 편도체가 이미 그것을 뱀으로 인식하고 공포 반응을 보이는 경우가 있다. 정원 호스는 인간의 역사에서 비교적 최근에 나타난 물건이다. 먼 옛날 우리 조상 때에는 정원 호스처럼 뱀과 비슷한 무언가를 보았다면 그것은 분명히 뱀이었을 것이다. 이것은 편도체의 재빠른 반응을 보여주는 좋은 예시다. 하지만 이 기능은 편도체의 오점이기도 하다. 불안감이 때로 지나치거나 덜할 수도 있기 때문이다. 앞선 실험에서 편집증적 증상을 보인 사람들은 이미 그전에도 남들보다 불안감을 더 느꼈다. 즉, 그들의 편도체가 다른 사람보다 예민하다고 볼 수 있다. 하지만 이들을 예외로 볼 수는 없다. 토끼를 대상으로 앞서 언급한 바와 같은 실험을 진행한 결과, 불안의 감정이 매우 강하게 나타났다. 하지만 토끼는 워낙에 겁이 많은 동물이기도 하다. 즉, 토끼의 편도체는 보통의 인간보다 원래 민감하다. 그렇다고 해서 우리는 토끼를 편집증 환자로 취급하지 않는다.

둘째, 편도체는 독단적으로 기능하지 않고 대뇌 신피질neocortex의 영향을 받는다. 이성을 주관하는 신피질은 자전거의 브레이크와 같은 역할을 한다. 이러한 영향은 긍정적이라고 할 수 있는데 편도체가 계속해서 위험 경고를 울려대지 않고 정상적으로 기능할 수 있게 도와주기 때문이다. 하지만 신피질이 때로는 너무 심하게, 또는 너무 약하게 제동을 걸 수도 있으니 항상 최적으로 기능한다고는 할 수 없다. 이성적인 통제에 실패할 때는 불안감이 커질 수도 있다. 조금 전에 소개한 가상현실 실험에서 편집증적 증상을 보인 피실험자의 상황이 이에 해당한다. 다시 말하자면, 편도체가 신피질의 제어를 받아 실험 중 전철 안에 있는 사람들이 아바타라는 것을 알아채고 위험 신호를 보내는 것을 멈출 수도 있다. 하지만 둘 사이에 의사소통이 제대로 이루어지지 않을 때는 편집증적 증상이 나타나는 것이다.

셋째, 이 모든 것은 옥시토신oxytocin이라고 불리는 호르몬과 연관되어 있다. 진화론의 용어로 설명해보겠다. 이 호르몬은 본래 출산, 모유 수유에 관여하지만 타인에 대한 내면의 불신을 줄여주는 사회적 호르몬으로까지 발전했다. 이로 인해 높아진 신뢰감은 타인과의 접촉을 강하게 바라도록 한다. 하지만 혈액 속의 이 호르몬 수치는 고정적이지 않다. 일정 주기별로, 혹은 상황에 따라 변화한다. 또한 개인차도 있다. 옥시토신 분비량이 낮은 사람은 신뢰감이 낮으므로 타인의 특정 행동에 금세 적개심을 나타내리라 예상할 수 있다. 그뿐만 아니라 편집증적 증상을 쉽게 드러낸다.

자, 정리해보자. 편도체는 강하게 혹은 약하게 작용할 수 있고, 신피질의 이성 조절 기능 또한 약해지거나 강해질 수 있으며,

혈액 속의 옥시토신 분비량에도 차이가 있다. 편집증적 증상은 이 요소들이 정상적인 범주에서 벗어나 동시에 '약점'을 보일 때 나타난다. 위 연구 결과가 바로 이 가정을 입증한다. 우리가 갇힌 흑과 백의 세상 속에는 정말 수많은 일상의 회색이 숨어 있는 것이다.

수학자의 닭달에 왕진을 왔던 의사가 이제야 집을 나서는데, 아직도 논쟁은 끝나지 않았다.

"37.3도가 37도보다는 높다고요!"

그러자 의사가 차에 타며 대꾸했다.

"하지만 이 세상에 존재하는 모든 창조물은 너무나 복잡해서 하나의 식으로 정의하기는 어렵습니다, 수학자 선생!"

의사는 플라세보 효과를 기대하며 환자에게 약을 처방해주었다. 약을 복용한 후 체온계의 온도가 살짝 내려갔으니 수학적으로 보았을 때 약은 그 역할을 다한 셈이다. 그래서 모두가 행복해졌다, 이 말씀.

끗끗하게 살아남은 나쁜 남자 유전자

2008년 일본 교토에서 열린 인간행동과 진화학회Human Behavior and Evolution Society에서 한 심리학자가 이른바 반사회성Antisocial을 특징으로 하는 인간의 성격을 주제로 발표했다. "우리는 흔히 나르시시즘, 사이코패스, 그리고 마키아벨리즘•을 묶어 '어둠의 3요소Dark triad'라고 부릅니다." 이 중에서 마지막 특질인 마키아벨리즘은 교활과 부도덕이 수반되는 성질이다. 심리학계에서는 오래전부터 이 특징들이 한 사람에게 동시에 나타나는 경우가 많다고 보고 이 세 가지 성질이 '삼위일체'를 이룬다고 칭했다. 사람들

• Machiavellism, 이탈리아의 마키아벨리가 《군주론》에서 처음 주장한 국가 지상주의적 정치사상. 심리학계에서는 자신의 이득을 위해서라면 상대를 기만하고 조롱하는 것을 꺼리지 않는 성향을 의미한다.

은 이러한 성격을 그다지 자랑스러워하지 않았으며, 이런 사람을 친구로 두려고 하지도 않았다. "그런 성격은 먼 옛날에도 환영받지 못했죠. 따라서 위의 세 가지 성향을 나타내는 사람들은 필연적으로 혼자 남겨질 수밖에 없었고, 조직에서 그 어떠한 지지도 받을 수 없었습니다."

그런데 여기서 갑자기 이야기가 옆길로 새기 시작했다. "여기서 주목할 점은 나르시시즘, 사이코패스, 그리고 마키아벨리즘의 성향을 보인 청년들은 동성 친구는 없을지라도 여자 친구는 많았다는 것입니다. '착한' 청년들보다 잦은 성생활을 하고 장기간의 연애보다 단기간의 연애를 즐겼죠. 보아하니 아가씨들은 반사회적이고 나쁜 청년들에게 더 깊게 빠지나 봅니다."

발표자는 이러한 결과가 진화론적 시선, 즉 다윈주의와 상충한다고 말했다. 즉, 반사회적인 청년이 더 잦은 성생활을 즐기는 것은 진화론에 부합하지 않는다는 결론을 내린 것이다. 이 결론에 나는 인상을 쓸 수밖에 없었다. 그것이 어째서 진화론에 부합하지 않는다는 것인가?

이 정통 심리학과 진화생물학의 매혹적인 갈등을 살펴보자. 나는 서둘러 노트북을 펴고 글을 쓰기 시작했다. 내가 무엇을 하는지 궁금해한 다른 학회원들에게 심심한 사과의 말씀을 보내고 싶다. 하지만 정말 즐거운 학회가 아닐 수 없었다.

진화론의 관점에서 보았을 때 단기간의 연애는 매우 흥미롭다. 단기간의 연애를 하는 남성은 정해진 배우자에게 매여 생식을 시도하는 남성보다 빨리 아이를 가질 수 있다. 이들은 아빠 역할에 얽매일 필요가 없으며, 아이들이 자라나는 모습을 지켜보지도 않는다. 그런 몹쓸 바람둥이가 자신의 씨를 이리저리 낭비하여 매달 여성 한 명을 임신시킨다고 할 때, 오 년 후 그는 아들과 딸을 60명이나 두게 된다. 그러나 아이들의 생활에 신경 쓰지 않고, 교육에 필요한 금액도 내놓지 않으며, 아무것도 가르치지 않아도 되고, 아이들을 위험에서 구해줄 필요도 없으며, 심지어는 아이들의 이름마저 몰라도 된다. 그런데도 아이들은 여전히 그의 유전자를 지니고 있다. 진화론적으로 보면 굉장한 이득이다! 반면에 한 여성에게 머무르는 용기 있고 의리 있는 남성은 같은 기간 동안 단 세 번만 임신시킬 수 있다. 하지만 현실 세계에서는 모든 것이 그렇게 빠르게 진행되지는 않는다. 상대가 아무리 매혹적이라고 해도 남성이 그런 확률로 여성을 임신시키기는 쉽지 않다. 이 밖에도 진화를 논하는 이들은 수십, 수백만 년 전 자연선택으로 모든 것이 결정되었던 선사시대를 생각해야만 한다. 한 아이의 생존 확률이 그다지 높지 않았던 그 아름답지 못했던 시절 말이다.

인간은 뇌가 큰 탓에 미성숙한 상태로 태어난다. 따라서 아이가 살아남으려면 더욱 많은 보살핌과 보호가 필요했다. 이를 위해서는 엄마와 아빠가 일체가 되어 곁에서 머무르며 아이가 클 때까지 오래 관계를 맺어야 한다. 우리 조상 시대에 아버지의 보호 없이 홀어머니 밑에서 자란 아이의 생존율이 비교적 낮았다는 것은 널리 알려진 사실이다. 즉, 한곳에 오래 머무르지 않는 방탕한 남성들의 자손은 살아남기 어려웠다. 반대로 좋은 아버지 밑에서 자란 아이들은 생존율이 높았으며 성인이 될 확률도 높았다. 따라서 아이를 얻어 자신이 받은 유전자를 또다시 물려줄 수 있었다.

자, 지금까지 번식을 위한 남자들의 진화적 성공 전략을 살펴보았다. 하지만 이 이론은 나쁜 청년들의 행동은 해명할지언정, 아가씨들이 어째서 그들의 '매력'에 푹 빠지게 되는지는 설명하지 못한다.

요즘 젊은 아가씨가 어둠의 3요소를 갖춘 성향의 청년에게 동정을 느낀다면, 그것은 그녀의 조상 할머니 또한 마찬가지였을 것이다. 이 특성이 살아남은 것은 진화론적으로 어떠한 이득이 있어서라고 볼 수 있다. 오늘날 우리는 여성들이 방탕한 남성보다는 가정에 충실하고 언제나 아이에게 완벽한 아버지 노릇을 하는 남성을 선호하리라고 예상할 수 있다. 정말 그럴까?

우리의 조상 할머니들이 이 카사노바들과 그 어떤 연결 고리도 없었다면, 아직도 주변에서 찾아볼 수 있는 카사노바의 존재가 설명되지 않는다. 즉, 우리 조상 할머니들이 오늘날의 아가씨들

못지않게 방탕한 청년들의 유혹에 잘 넘어갔다는 말이다. 눈은 그저 장식이었을지도. 일견 우리의 진화 본능에 위배되는 것처럼 보이겠지만, 이는 다음과 같이 설명할 수 있다.

여성들이 바람둥이의 유혹에 쉽게 넘어간 탓에 단기간의 연애를 좋아하고 어둠의 삼위일체 유전자를 가진 아들과 딸을 낳게 되었다. 그렇게 얻은 수많은 아이와 그들의 손자, 손녀는 진화적 성공이라고 볼 수밖에 없다. 비록 그러한 자손의 생존율은 낮지만 살아남은 아이들이 그 유전자로 수많은 자손을 두었다. 바람둥이 아버지는 바람둥이 아들을 얻게 되고, 딸들 역시 그 유전자를 다음 세대에 전한다.

하고 싶은 이야기를 다 입력하고 보니 발표 중인 심리학자의 연구가 다윈의 이론과 충돌하기는커녕 오히려 뒷받침해준다는 생각이 들었다. 이런 확신으로 노트북을 닫은 순간 다른 참석자들의 따가운 시선이 느껴졌다. 소리가 너무 컸나 보다. 학회장이 "지금부터 질의응답 시간을 갖겠습니다."라고 말했다. 나는 명료한 말로 발표자가 진화생물학을 얼마나 과소평가하고 있는지 지적하려고 자리에서 벌떡 일어섰다. 하지만 그 순간 얼굴에 열이 올라 새빨갛게 되어버렸고, 우물쭈물하는 사이에 다음 발표가 시작되었다. 이렇게 민망할 수가.

아프니까 사람이다

옳지 않다는 걸 알면서도 종종 주변 사람들의 이야기를 엿듣게 된다. 오늘의 희생자는 창조론과 진화론에 대해 열띤 토론을 하는 한 무리의 학생이다.

진화론을 옹호하는 학생들은 조물주가 자신의 과업을 완벽하게 수행하지 못했다며 창조론을 비난했다. 그 증거는 바로 인간의 신체를 비롯하여 이 세상에 존재하는 수많은 불완전한 구조라고 했다. 우리는 암에 걸리고 전쟁을 일으키고 심지어는 뭔가 먹다가 질식하기도 한다. 조물주가 그렇게나 전지전능하고 박애주의자라면 자신의 작업에 완벽을 기해야 하는데, 이렇게 일을 하다가 말다니 그게 말이나 되는 일인가? 그러므로 신 또는 조물주가 아닌 진화만이 존재한다는 것이다.

그러자 다른 학생이 반박하기 시작했다. "좋아, 그럼 이렇게 생각해봐. 그렇다면 진화는 완벽하다는 거야? 통증을 생각해보라고. 몇 년, 아니 평생을 고통 속에 살다 가는 사람들이 있잖아. 과연 그 통증이 존재하는 이유는 뭐지? 인간에게 도움이 되는 기능이 없다면 그 생리학적 메커니즘은 왜 존재하느냐는 말이지. 결국 진화론도 창조론 못지않게 쓸모없다고." 자, 여기서 잠깐 숨을 골라보자. 금방 저 학생이 말했듯이 고통의 실용성에 대해서는 진화론적 맥락에서 벗어난 질문이 수없이 제기되고 있다. 고통은 과연 쓸모 있는 것일까? 그렇다면 왜 인간의 삶을 피폐하게 만드는 것일까?

통증은 인간이 생물학적으로 적응한 것이라고 볼 수 있다. 그 첫 번째 근거는 인류, 즉 척추동물의 척수와 두뇌가 통증을 전달할 만큼 복잡한 구조라는 점이다. 두 번째 근거는 통증 없이는 인간이 지금과 같은 수명을 누릴 수 없으리라는 가정이다. 선천성 무통각증•을 앓는 환자를 예로 들어보자. 그들은 몸에 상처가 나지 않도록 누구보다 조심하지만 대부분 일찍 죽는다.

고통은 삶을 위협하는 내외적인 위험을 경고하는 역할을 한다. 인대가 손상됐을 때 발목이 아픈 것은 회복할 때까지 충분한

• 태어날 때부터 고통스러운 감정이 따르는 감각인 통각이 결손된 질환

휴식이 필요하다는 것을 경고하는 셈이다. 어찌 되었든 간에 통증은 상당히 가치 있는 적응이다. 위 사례가 의미하는 것은 진화가 통감을 관장하는 유전자의 역할을 긍정적으로 평가했고, 그 결과 우리에게 널리 퍼졌다는 것이다. 이미 수억 년 전에 말이다.

그렇지만 통증에도 기회비용은 있다. 먹을 것을 찾거나 적에게서 자신을 보호하는 것, 이성에 대한 구애 등 진화적으로 가치 있는 활동으로 여겨지는 다른 활동에 쏟아야 할 에너지를 감소시킨다. 그리고 뇌가 이제 충분히 아팠다고 판단하면 천연 진통제인 엔도르핀endrophin을 생성해 고통을 줄이거나 아예 차단해버린다. 하지만 통증이 항상 이렇게 짧은 경고로 멈추지는 않는다. 때로는 더 오랫동안 지속해서 경고하기도 한다. 극단적인 예로 장기간 통증을 유발하는 질병을 들 수 있다. 그런데도 이 통증이 유용하다고 말할 수 있을까? 여기에 대해서는 다음과 같이 설명할 수 있다.

첫째, 질병 자체는 유용하지 않다. 예컨대, 우리 조상은 암에 걸렸을 때 꽤 짧은 기간 안에 목숨을 잃었을 것이다. 질병에 걸린 탓으로 먹을 것을 찾거나 자신을 보호하는 데 충분한 에너지를 사용하지 못했기 때문이다. 결국 질병은 인간의 삶에 매우 치명적이었다. 하지만 우리의 과학 · 의학 지식은 인간이 암, 혹은 삶을 위협하는 여러 요소가 있는데도 과거보다 오래 살 수 있게 해주었다. 어쨌든 이를 위해 우리가 치러야 하는 대가가 바로 통증이다.

통증이라는 손해가 결국 우리에게 이점을 가져다주므로 인위적으로 이를 유지하는 것이다.

둘째, 우리는 고통을 당함으로써 그 원인에 주의를 기울이게 된다. 불쾌한 것은 사실이지만 우리 몸이 제대로 기능하려면 고통은 불가피하다. 만약 통증을 느낄 때 기분이 좋다면 우리는 오히려 통증을 얻고자 노력할 것이고, 이를 위해 계속해서 스스로 상처를 입힐 것이다. 만약 고통이 좋지도 않고 나쁘지도 않은 중립적인 감정을 준다면, 우리는 그 신호에 주의를 기울이지 않으리라고 예측할 수 있다. 그러니 통증은 불편해야만 한다. 그 불편에서 오는 불쾌한 감정 때문에 통증의 원인에 주의를 기울일 것이기 때문이다.

통증이 우리를 그렇게나 돌보는 동안, 사실 진화는 아무 신경도 쓰지 않았다. 자연선택은 통증의 경고 기능을 긍정적으로 평가했지만 그것이 주는 불쾌한 기분은 간과했다. 그 부분에 대해서는 생각도 하지 않은 것이다. 통증은 누군가에게 삶의 마지막 순간에, 특히 죽음 직전에 길게 머물기도 한다. 더는 번식할 수 없다는 것이 밝혀진 순간, 자연선택이 인류의 진화에서 당신이라는 존재를 제거하는 그 순간의 기나긴 고통. 그 얼마나 냉정하고 무서운 행위인가. 그 순간 우리는 자연선택에서 제외되고, 그 순간부터 번식할 수 없다. 이때만큼은 자연선택의 의견이 배제되므로 이제는 경고가 필요하지 않은 사람에게도 계속해서 통증이 존재하게 된다.

그렇다고 해서 이 모든 것이 꼭 우리의 적응은 옳지 않았고, 따라서 이의를 제기한 학생들처럼 진화의 전 과정을 논쟁 대상으로 삼아야 한다는 것을 의미하지는 않는다. 예를 들어, 출산 시 고통은 그 기능에 비해 지나치다고 할 수 있다. 항간에는 출산에 통증이 없으면 모성애가 결핍된다는 말도 있지만, 아직 밝혀진 바는 없다. 그러나 진통은 극도로 중요한 생물학적 적응인 번식의 부산물이라고 볼 수 있다. 진화를 통해서 인간은 뇌가 커졌고, 따라서 머리뼈도 커졌다. 그런데 여기에 맞춰서 골반이 커지지 않은 것은 이 이상의 크기는 산모에게 무리를 줄 수 있기 때문이다. 그래서 인간의 아이들은 몸이 더 커지기 전에 태어나게 되었고, 이는 부모의 보살핌이 그만큼 더 필요하다는 것을 의미한다. 하지만 이렇게 이르게 출생하는데도 출산은 여전히 고통스러운 일로 남아 있다. 인간의 뇌가 커지면서 아마도 이렇게 장단점을 보완하는 맞교환이 이루어진 것일지 모른다. 통증 역시 단점 중의 하나이기는 하지만, 진화를 통해 없앨 만큼 큰 문제가 있지는 않았던 모양이다.

이처럼 진화적 적응이 항상 최적의 결과라고 할 수는 없다. 오히려 최적의 결과가 결코 아니라고 하는 것이 맞겠다. 이러한 구조, 또는 행동이 다른 결과물보다는 낫다는 이유로 자연선택의 보상을 받은 것일 뿐이다. 만약 한 장기의 변화가 이전 장기보다 나은 기능을 한다면, 이 변화는 자연의 선택을 받아 다음 세대에 전해질 것이다. 정확하게 말하면 더 나은 진보를 위한 기초 유전자의 확산이라고 할 수 있다. 더 나은 기능을 위한 진화 가능성은 언제나 존재한다. 그렇지만 개선을 위한 돌연변이가 나타나지 않는 이상, 인간은 현재 유전자를 계속해서 지니게 될 것이고, 이는 우리의 신체는 물론 생리학적 메커니즘과 행동 전반에 적용된다.

우리의 눈은 매우 똑똑한 조물주만이 창조할 수 있는 완벽한 도구로 묘사된다. 하지만 이것 또한 착각이다! 우리는 적외선과 자외선을 볼 수 없고, 밤에는 색깔을 구분할 수 없으며, 1밀리미터의 작은 차이는 구분하지 못하는데도 완벽하다니……. 따라서 적외선 카메라, 현미경, 망원경 등의 도움이 필요한 것이다. 그 밖에도 잘못된 것이 어찌나 많은지 안과 의사들이 돈벌이하는 데 크나큰 도움이 된다! 오늘날 안경을 쓰지 않는 사람이 얼마나 될까? 그러니 완벽하다기보다는 우리가 활용할 수 있는 효율적인 기관이라고 칭하는 것이 더 옳은 설명일 것이다. 진화가 눈의 발전을 가져온 것은 사실이지만 백 퍼센트 완벽한 것은 아니기 때문이다. 통증의 메커니즘 역시 진화의 대상으로서는 적절할지 몰라도 완벽함을 논하기에는 갈 길이 먼 이야기다.

점잖지 못하게 허락도 없이 학생들의 논쟁에 끼어들 수는 없는 노릇이다. 그러니 다음 수업 시간에 우연을 가장하여 문제를 제시해볼까 한다. 학생들은 씁쓸하겠지만 고통이 진화론에 모순되지 않는다는 것을 설명해줄 생각이다. 와, 신 나라!

회의 시간에 팔짱을 끼는 사람들의 속마음

회의가 빠르게 진행되고 논쟁이 가열되면서 여러 가지 아이디어가 반짝였다. 이런 회의를 좋아하지는 않지만, 그곳에서 볼 수 있는 모두의 열정만은 사랑한다. 내 동료, 주변인의 행동을 관찰할 수 있는 것이 얼마나 축복인지 모른다. 그들의 얼굴빛, 팔의 움직임, 목소리의 변화, 테이블을 내리치는 주먹, 끝내주는 의사소통법, 더 말해 무엇하리. 그저 입을 다물고 쳐다보며 즐길 뿐이다.

내 옆에 앉은 젊은 동료가 의견을 내놓았다. 그 의견은 분명히 훌륭했지만, 회의장에 있는 사람들을 모두 행복하게 해주지는 못했던 모양이다. 몇몇 사람은 그 의견을 훌륭하다고 생각했지만, 또 다른 사람들은 경험 없는 사회인의 웃기지도 않은 황당무계한 의견으로 치부하고 넘어가려 했다. "다음으로 넘어가면 안 되겠습니까!" 하지만 의장은 그 의견을 표결에 부치려는가 보다. 그러기 위해 모두의 의견을 듣고 싶어 했다.

이 젊은 동료는 자신의 종이 아래 참석자 리스트를 숨겨놓았다. 그리고 모든 사람의 이름 옆에 조심스레 플러스와 마이너스를 써 내려가며 자신을 지지하는 사람들의 숫자를 세었다. 플러스 표가 원하는 만큼 나오면 의장에게 즉각 표결을 요청할 생각인가 보다. 맞은편의 두 노인네(미안, 동료들이여!)는 이미 그의 의견을 난도질한 뒤고, 그 둘의 옆에는 과묵한 누군가가 앉아 있다. 그가 자신의 의견을 조금도 내비치지 않은 탓에 내 젊은 동료는 아직 그 이름에 플러스를 할지 마이너스를 할지 고민 중이다.

과묵한 사람의 의견을 목 빼고 기다리는 젊은 동료에게 내가 한마디 했다.

"그냥 마이너스로 쳐요."

내 말에 깜짝 놀란 동료가 되물었다.

"그걸 어떻게 압니까?"

"저 사람 팔이랑 머리 좀 봐요. 언제 커피를 마시고 또 눈썹은 언제 치켜뜨는지 말이오."

내 대답에 동료는 무척 화가 난 얼굴로 나를 바라보았다. 만약 우리 둘 사이에 나이 차가 많지 않았다면, 그는 나에게 화를 내고 나는 남은 시간 동안 숨죽인 채 있어야 했을지도 모른다.

"저분은 아직 아무 말도 하지 않았는데 대체 그걸 어떻게 알죠?" 그가 물었다.

"거울 행동이라는 걸 이용한 거요. 마이너스로 써요. 당신 의견에 반대하는 사람이에요."

그때 의장이 우리를 향해 "몇몇 동료께서는 따로 회담을 즐기느라 바쁘신 모양이네요!" 하고 화난 목소리로 말했다. 아무래도 휴식 시간까지 담화를 미뤄야겠다.

거울 행동은 아주 오랜 기간에 걸쳐 인류가 남겨온 행동 화석이다. 비록 그 누구도 거울 행동이 화석이 되는 것을 목격하지는 못했지만, 그 화석은 여전히 매우 교훈적인 내용을 담고 있다.

어떤 이들은 자신과 상대의 다른 점을 즐겨 드러낸다. 예컨대, 지배 성향이 있는 사람들은 자신과 타인의 차이점을 지배 신호를 통해 명확하게 내비친다. 무언가에 겁을 먹은 사람 역시 그것을 신호로써 알린다. 타인을 무시하는 사람은 경멸의 눈빛으로 속마음을 드러낸다. 반면에 타인과 차이점이 없거나 차이점을 보여주고 싶지 않은 사람은 결국 상대의 자세와 몸짓을 따라 하려고 노력하기도 하는데, 이를 '거울 행동'이라고 한다. '메아리 행동' 또는 '일치 행동'이라고도 하지만 너무 정신과적인 향기가 풍기니 그렇게 부르는 것은 그다지 좋지 않은 듯하다.

사람들이 서로 반감 없이 허락하는 경우, 그러니까 서로 사랑하고 가까워지는 것을 허락하거나 의견이 상응하는 경우에 거울 행동을 볼 수 있다. 그때는 단어를 사용하지 않고 서로의 행동을 모방한다. “이봐, 우리가 통했다는 걸 증명하기 위해 나는 당신과 하나가 되고 싶어. 하지만 그게 어려우니까 당신의 방식을 완벽하게 따라 하려고 해. 최대한 거울처럼 따라 하면 우리는 결국 하나에 가까워지는 거야.”

황당하게 들릴지 모르겠지만 이것이 바로 거울 행동의 핵심이다. 레스토랑에 앉아 있는 연인들을 보자. 거울 행동을 보이는 연인은 깊은 사랑에 빠진 사람들일 것이고, 전혀 다른 태도와 행동을 보이는 연인은 아마 전쟁을 앞둔 사람들일 것이다.

“그렇다면 저 과묵한 사람이 내 의견에 반대하는지는 어떻게 아는 겁니까?” 내 동료는 마치 스파이처럼 작게 속삭였다. 그는 나의 이 파격적인 이론에 대한 흥미를 감추고 싶은 듯 애먼 블랙커피만 연신 휘저었다.

“팔을 꽉 뻗어서 손깍지를 하고 있는 게 아까 당신 의견에 반대한 노인네들이랑 같은 포즈 아닙니까. 저 사람들은 이미 당신 의견을 경멸한다는 의사를 충분히 내비쳤고, 저 과묵한 사람도 같은 행동으로 자기는 그들과 한편이라는 신호를 보내는 거예요.” 내 말이 영 설득력이 없었는지, 그는 커피를 연달아 두 모금 마셨다.

“그러니까 팔 동작 하나를 보고 안다 이겁니까? 좋군요. 의견에 참 감사합…….”

“아니, 그 말이 아니고.” 나는 그의 말을 자르고 설명을 시작했다.

“이건 뇌가 명령하는 태도와 행동에 근거한 거예요. 저 사람은 당신의 적들을 거울처럼 따라 했어요. 눈썹을 1밀리미터 치켜뜨는 것까지! 큰 움직임은 아니지만 거울 행동은 종종 보일 듯 말 듯하게 나타나거든요. 사람들이 알아채지 못할 정도로 미세하게 말이죠. 바로 저 커피, 한 사람이 커피 잔을 들면 다들 따라서 커피를 마시는 거 보여요? 그게 바로 ‘거울 커피 마시기’라니까요? ……아, 지금 건 농담이에요.”

자신의 의견에 반대하는 자들이 맞은편에 앉아 있어서 그런지 젊은 동료는 농담에도 웃지 않았다.

“정말 흥미롭군요. 그렇다면 전 지금부터 뭘 해야 하죠? 제가 뭔가 할 수는 있습니까? 여기에 당신의 이론이 먹히나요? 아니면 그냥 커피 마시면서 나눌 수 있는 그저 그런 이야기입니까?”

‘당신은 너무 어리니 경험을 더 쌓고 나서 건의를 하시게나’라는 진부한 말 대신 무언가 희망적인 메시지를 전달해주고 싶었지만, 사실 나 자신에게도 그다지 크게 와 닿지가 않았다.

“거울 행동을 역으로 이용할 수도 있어요. 쉽게 말해서 일부러 거울 행동을 하는 거죠. 태도와 행동을 의도적으로 그 사람에게 맞추는 것입니다. 예를 들어 지금 같은 경우, 저 과묵한 사람의 행동을 따라 하는 거예요. 그렇게 몇 분만 하면 무의식적으로 당신에게 공감해서 당신 편을 들지도 몰라요. 가끔 그러는 사람이 있긴 해요. 흔히 상인이 고객의 취향을 맞추려고 이 방법을 사용하죠. 또한 심리치료사도 환자의 신뢰를 얻으려고 일부러 거울 행동을 할 때가 있고요. 만약 저 사람이 당신에게 관심이 있는 것 같다면 인위적인 거울 행동으로 그의 생각을 바꿀 수도 있을 거예요. 하지만 확률은 낮아요. 그보다는 돈다발을 건네는 편이 더 낫겠죠."

그는 자신의 패배를 비웃는 나이 많은 동료와 더 이야기하고 싶지 않은 듯 잔을 내려놓고 다시 회의장으로 들어갔다. 의장은 양팔로 회의장을 가리키며 우리에게 들어오라는 신호를 보냈다. 마치 사형이라도 집행할 기세다.

"분위기도 좋지 않고, 안건의 중요성을 고려해 비밀 표결에 부치기로 하겠습니다. 다들 이견 없으신가요? 그럼 투표용지를 부탁합니다." 비서가 나와서 투표용지를 나누어주었다.

"의장이 반대표를 던졌군요." 내가 불쌍한 옆자리 동료에게 속삭였다.

"아니, 대체 그걸 어떻게 알 수 있는 거죠? 이번엔 눈에서 읽기라도 한 겁니까?" 그가 어이없다는 듯 나를 쳐다보며 말했다.

"아뇨, 이번엔 몰래 훔쳐봤어요."

행복과 감기는 모두 네트워크에 달렸다

"하고 싶은 말이 있습니다!"

한 회사의 사장이 나에게 전화를 걸어서 말했다. 그는 인간의 행복을 연구한 논문을 읽고 나서 도저히 참을 수가 없어 전화를 걸었다고 했다. 그의 이런 사회적 행동에 나는 큰 기쁨을 느꼈다. 사람은 사회성으로 정의되기 마련이지만, 그에 관한 인식은 생각보다 낮다. 그와 한 통화는 그러한 우리의 사정을 그대로 드러냈다. 그에 관해 이야기해보자.

그는 친구 관계에서 우리가 주고받는 지대한 영향에 관한 연구를 읽었다고 했다. 페이스북, 트위터, 인스타그램 같은 각종 SNS 사이트가 우리의 핫 이슈이자 사회관계를 지배한다는 내용의 연구였다. 하지만 여기에서는 그런 웹 사이트가 아닌 피와 살로 이루어진 진짜 사람, 진짜 삶을 이야기해보자. 우리는 친구뿐만 아니라 친구의 친구, 심지어는 한 번도 만나보지 못한 친구의 친구에게도 영향을 받는다. 그러니까 친구의 친구의 친구의 친구까지……. 또한 이 네트워크 효과는 삶의 질에도 영향을 미친다. 행복은 물론 수많은 조건에 따라 결정된다. 우리는 실제로 교류하는 친구들의 행복한 삶을 보고 전염되어 나도 행복하다는 착각에 빠질 수 있다. 충분히 있을 법한 일이다. 행복한 사람들 사이에서 살아가는 것은 정말 행복한 일이다.

나에게 전화를 건 사장은 아직 한 번도 본 적이 없는 사람들까지도 우리에게 그런 영향을 미칠 수 있다고 강하게 주장했다. "내가 로봇은 아닌지 걱정이 됩니다." 그는 특히 자기 회사에 이 논리를 적용할 수 있는지에 관심이 있는 것 같았다. 그리고 그에 관해서 나에게 좀 더 설명을 바라는 듯했다. 그야 물론 어렵지 않지!

만약 당신 친구의 친구가 감기에 걸렸다면 그 감기는 당신 친구에게 전염될 것이고, 당신까지 감기에 걸리는 데는 그다지 오랜 시간이 걸리지 않을 것이다. 첫 번째 친구도 누군가에게서 감기를 옮아온 것처럼, 그것이 더 멀리 전염되리라고 예상하는 것은 그다지 어렵지 않다. 감기 바이러스는 사람들의 네트워크를 통해 확산한다. 네트워크에서 멀리 떨어진 사람은 가까운 친구보다 우리를 전염시킬 가능성이 낮다는 것을 우리는 쉽게 예상할 수 있다. 당신 동료가 '감기를 옮길까 봐 무서워서 방문할 수 없을 것 같아'라고 문자 메시지를 보냈다고 치자. 헌데 실제로 감기에 걸린 사람은 그의 연인의 친구의 여자 친구라고 한다. 당신은 그가 오기 싫어서 괜히 핑계 댄다는 것을 알 수 있다.

이렇게 감기의 전염성은 충분히 이해했다. 그렇다면 행복은 대체 어떻게 전염되는 것일까?

나는 수화기 너머의 유일한 청중에게 나의 저서 《두뇌 기계De Brein Machine》(2008)를 이야기를 해주었다. 미국에서 행복의 전염성에 관한 연구가 이루어지기 훨씬 전에 관련된 내용을 다룬 책이다.

이 책에서 나는 연속해서 수많은 즐거움을 경험하는 것이 바로 행복이라고 말했다. 즐거움은 협동을 장려하고 에너지를 제공하는 중요한 감정이다. 당신의 삶이 수많은 즐거움으로 가득 찬 시기에는 스스로 행복하다고 여길 것이다. 이 감정은 두 가지 장점이 있다. 한 가지는 순수한 생물학적 실용성이다. 불안은 위험에서 우리를 지키고, 자신감은 사회적으로 긍정적인 행동을 더 많이 하도록 북돋으며, 그로써 우리의 사회적 지위가 높아진다. 또 다른 한 가지는 감정 역시 의사소통의 수단이 될 수 있다는 것이다. 따라서 상대방에게 그것을 전달할 수 있으며 전달받을 수도 있다.

이러한 감정의 전달은 감정이 보내는 신호를 거울 신경mirror neuron이 인지하며 진행되는데, 이 과정은 우리 뇌에 비정상적으로 강한 영향을 줘서 상대와 같은 감정을 호출한다.

물론 그 감정의 신호를 보낸 사람보다 감정의 강도는 덜하지만, 전이는 분명하게 이루어진다. 이 전이는 개인 대 개인으로 이루어질 수도 있고, 많은 사람이 모인 그룹에서 일어날 수도 있다. 나는 이를 '심리적 혈액순환'이라고 부른다. 감정이 사람들 사이로 흐르는 모습이 혈액이 온몸을 타고 도는 것과 비슷한 형태를 띠기 때문이다.

진화론의 관점에서 보았을 때 이것은 매우 중요한 사실이다. 내가 자주 말하듯이 인간의 진화에서 가장 돋보이는 부분은 바로 사회적 행동의 발전이다. 흰개미도 인간처럼 사회성이 강한 생물이다. 하지만 복잡한 사회구조를 이룬다는 측면에서 인간이 더 우월하다고 하겠다. 이러한 사회성 없이는 우리의 문화 발전도 이루어지지 않았을 것이다. 수만 년 전 매서운 추위로부터 몸을 보호하는 방법 등을 알아내지 못해 새로운 땅에 정착하지도 못했을 것이다.

이 모든 협동이 있었기에 인류는 다방면의 발전을 이룰 수 있었다. 즉, 협동을 '인류' 그 자체로 정의할 수 있다. 조직의 모든 구성원이 서로의 감정을 알고 같은 사고방식을 갖출 때, 협동은 가장 뛰어난 효율성을 발휘한다. 이때 가장 중요한 역할을 하는 것이 심리적 혈액순환이다. 불안이 모든 구성원에게 위험을 경고하는 것처럼 즐거움은 모두에게 에너지를 전한다는 이점이 있다. 따라서 행복은 수만 년 전부터 계속해서 전염성을 띠었다는 결론이 나온다. 《두뇌 기계》에 밝힌 내 의견을 훌륭한 연구로 증명해준 연구자들에게 깊은 감사의 말씀을 전한다.

"그럼 그 이론을 내 회사에도 적용할 수 있는 겁니까?" 사장이 끈질기게 물었다. "그 감정의 전염성을 내 회사 직원들에게도 퍼뜨려서 일의 능률을 더 높일 수 있느냐 말입니다." 나는 인간의 행동에 대한 진화론적 지식을 회사 운영에 적용하려는 이러한 태도에 매우 감명을 받았다. 그래서 "네, 당연하죠. 하지만……."이라는 말과 함께 그 회사의 분위기를 살펴보고 더 많은 대화를 나누고자 약속을 잡았다. 인간의 사회적 행동에 대한 진화론적 지식을 인간의 협동에 적용할 수는 있지만, 여기에는 주의가 필요하다. 수화기를 내려놓을 때쯤, 우리는 이미 서로에게 행복을 선사했다는 생각이 들었다. 이처럼 행복은 전화선으로도 전염되지만 감기는 그렇지 않다.

유전자와 일부일처제의 상관관계

Intro 1.

당신은 누구를 닮았기에 그렇게 집중력이 떨어지는가? 당신의 아버지? 한 소녀는 할머니를 닮아 머리가 눈에 띄게 똑똑하다. 낸시 시나트라Nancy Sinatra•가 노래를 잘 부르는 것은 노래를 잘한 아버지 덕분이다. 이처럼 누군가의 능력치를 조부모나 부모의 유산으로 설명하는 일이 종종 있다. 심지어 문화나 양육의 영향은 무시한 채 오직 유전자만이 현재 당신의 행동을 설명할 유일한 증거라고 말하기도 한다. 그러면서도 사람들은 인간의 행동이 유전적 기초에 기인한다는 것을 과학적으로 설명하려고 하면 저항감을 느

• 유명한 가수인 프랭크 시나트라의 딸로 가수이자 영화배우로 활동한다.

끼며 때로는 극도로 적대감을 드러낸다.

과학자가 유전적 사실에 기인해 행동을 분석하려고 하면, 독자나 청중은 이성적으로 설명해주기를 원한다. 흔히 인간은 이성적인 동물이라고 하지 않는가? 인간의 행동을 진화에 기초해서 이해할 수 있다는 사실을 받아들이는 데 무엇이 문제가 되는지 살펴보자. 만약 인간의 행동이 유전자로 결정된다면 그 유전자는 자연선택에 의해 진화해왔으며 지나간 시간에 그 뿌리를 둘 것이다. 그러나 우리는 이 진화론적 유추에 저항감을 느낀다. 이것은 높은 지적 수준이나 가창력 등을 선대에게 물려받았다고 믿는 사람들도 마찬가지다. 뭔가 이상하지 않은가?

Intro 2.

행동이 유전적 기초에 기인한다는 사실은 이미 수차례에 걸쳐 증명되었다. 그런데 이 사실에 결정적 쐐기를 박는 연구가 내 눈길을 사로잡았다. 무엇보다 내가 강연을 통해 예측했던 내용을 그대로 입증했기 때문이었다. 가정이 증명되었으니 즐거운 마음으로 이야기하지 못할 것도 없다. 그 구체적인 내용을 살펴보자.

2008년에 출판된 나의 책 《두뇌 기계》에서 실험용 생쥐의 일부일처제가 뇌하수체에서 분비되는 바소프레신•의 영향이라고 설명했었다. 쥐에게는 매우 도덕적 기능을 하는 이 호르몬이 사람의 몸에서는 신장과 혈압에 영향을 미쳐 수분을 공급하고 조절하는 기능을 한다. 실험용 생쥐를 이용한 연구에 따르면, 혈액 속 바소프레신의 비율이 높은 수컷이 그렇지 않은 수컷보다 자신의 짝에 대한 애착이 강하고 경쟁자에게서 짝을 지켜내려는 욕구도 강했다. 나는 인간에게도 이 같은 원리가 적용되지만 단지 우리가 증명하지 못했을 뿐이라고 부연 설명을 했다. 강의나 글 연재를 통해 이 이야기를 할 수도 있었지만, 아직 정확히 밝혀진 사실이 아니므로 참았다. 그런데《두뇌 기계》가 출간된 지 3개월 후, 인간을 대상으로 같은 내용의 연구가 성공적으로 진행되었다! 이 사실은 나를 완전히 사로잡았다.

자, 조금 전문적인 이야기로 들어가 보자. 내용에 흥미가 생기지 않는다면 이 부분을 건너뛰어도 상관없다. 호르몬은 수용기受容器를 통해 세포에 영향을 미친다. 수용기는 세포질 속의 커다란 단백질 분자인데, 이 자리에 호르몬 분자가 마치 열쇠와 열쇠 구멍처럼 딱 들어맞는다. 12번 염색체는 단백질 수용기의 생성을 관장하며 바소프레신과 결합한다. 연구에 따르면 이 유전자와 경계를 맞댄 DNA 구역이 큰 역할을 하며, '대립유전자 334'라는 유전자도 조절한다고 한다. 우리는 아빠와 엄마에게서 12번 염색체를 하나

● vasopressin, 항이뇨 호르몬

씩 물려받는다. 하지만 그 속에 대립유전자 334가 모두 있는 것은 아니며, 사람에 따라 없거나 한두 개의 복사본을 갖게 된다.

전문적인 이야기는 이쯤 해두고, 이제 흥미로운 내용으로 돌아가자.

스웨덴의 연구팀은 이 복사본의 숫자와 결혼 후 행동의 상관관계를 밝혀냈다. 이번에는 실험용 쥐가 아닌 인간에게서 말이다. 이들의 실험 대상은 일란성 쌍둥이 552쌍이었다. 실험 결과에 따르면, 대립유전자 334 복사본을 가진 남성은 배우자에게 덜 충성스러운 모습을 보였다. 반면에 이 복사본이 하나도 없는 남성은 부인에게 상당히 높은 충성도를 보였다. 이래도 행동과 유전이 아무 관계가 없다고 말할 수 있는가? 계속해서 이야기해보자면, 이 복사본이 두 개 있는 남성은 결혼하지 않을 가능성이 크다. 어쩌다 결혼할지라도 복사본이 아예 없거나 한 개가 있는 남성보다 위기가 많이 찾아올 것이다. 또한 여성이 생각하는 배우자로서의 가치도 역시 대립유전자 334와 관계가 있다. 즉, 이 복사본이 없는 배우자를 둔 여성은 이 복사본이 한 개 또는 두 개 있는 배우자와 결혼한 여성보다 자신의 배우자를 더 긍정적으로 평가했다. 다시 말해, 남성의 배우자에 대한 충성도는 12번 염색체에 있는 대립유전자 334의 복사본 개수에 좌우되는 것이다! 이 흥미로운 유전자가 바소프레신에 딱 맞는 수용기, 즉 열쇠 구멍의 형성을 관장한다. 우리는 여기에서 바소프레신과 일부일처제의 상관관계를 알 수 있다. 내 예상이 사실로 밝혀지다니, 정말 멋진 일이다.

앞서 대립유전자의 복사본 개수가 배우자에 대한 충실도를 결정한다고 말했다. 이에 따라 미국의 한 카사노바는 재빨리 이런 핑계를 댈지도 모른다. "내 바소프레신이 나를 이렇게 만들었소!" 빠져나갈 구멍을 만들려는 것이다. 웃기지도 않는 일이다. 유전자 하나가 단독으로 인간의 행동을 결정할 리 없지 않은가? 유전자는 그저 하나의 작은 역할을 할 뿐이며 인간의 행동은 여러 요소와 상황에 따라 결정되기 때문이다.

당신에게 대립유전자 334를 포함한 12번 염색체의 복사본이 두 개나 있어도 배우자에게 충실할 수 있다. 반대로 대립유전자 334의 복사본이 없어도 수많은 여자 친구를 둘 수 있다. 즉, 유전자는 행위의 발생 가능성을 높여줄 뿐 당신의 행동을 확정 짓지는 않는다는 말이다.

그렇다면 이 유전자가 여성에게는 일부일처혼과 관련해 어떤 역할을 하는지 알아보자. 사실 바소프레신은 여성의 배우자에 대한 충실도에는 영향을 미치지 않는다. 여성은 전혀 다른(이라고 쓰고 '복잡한'이라고 읽는다) 양상을 띠기 때문이다. 가령 여성의 사회적 관계에는 옥시토신oxytocin이 더 큰 영향을 미친다. 이 이야기는 지금 주제와 관련이 없으므로 넘어가겠다.

이 모든 이야기가 흥미로운 것은 자연선택이 파트너에 대한 충실도와 같은 사회적 행동마저 형성했다는 사실을 알려주기 때문이다. 인간의 사회적 행동, 특히 배우자와의 결합은 인류의 진화에서 매우 중요한 역할을 해왔다. 신체의 수분 공급을 담당하는 바소프레신을 관장하는 유전자는 이 수백만 년 동안 몇 번의 변이를 거쳐 현생 인류가 가진 형태로 변해왔다는 것을 알 수 있다. 정말로 사소한 요소가 우리의 진화, 그리고 뇌에 영향을 미치는 것이다.

낸시 시나트라는 바소프레신이 부족한 아빠, 프랭크 시나트라Frank Sinatra에게 가창력을 물려받은 것이 틀림없다. 하지만 그녀가 칼라하리사막 어귀의 초가집에서 자랐더라면 그녀의 노래 〈부츠는 걸을 때 사용하는 거야These Boots Are Made for Walkin'〉에 나오듯 부츠는 신발이 아닌 다른 용도로 사용되었으리라.(〈These Boots Are Made for Walkin'〉은 남자에게 바람을 피우면 부츠를 신고 몸을 밟아주겠다고 하는 내용의 노래인데, 아프리카 칼라하리사막에 사는 원시 부족은 일부다처제다. –옮긴이)

몇 명의 아이를 원하시나요?

남녀를 불문하고 다소 갑작스러운 질문을 한 가지 던지겠다. 선택할 수 있다면 나중에 몇 명의 아이를 낳고 싶은가? 두 명이라고? 정말 신기한 일이 아닐 수 없다. 다윈의 안경을 쓴다면 이 질문은 더욱더 흥미로워진다. 당신의 대답은 내가 요즘 밀어붙이는 이론에 대한 짧은 묘사와도 같다. 즉, 우리 행동은 궁극적으로 진화생물학을 통해서만 설명할 수 있다는 것이 내 생각이다.

여러분도 알다시피 진화생물학은 우리 행동의 근원을 추측하는 데 지대한 공헌을 했다. 인간의 행동은 수십만 년 동안 진화를 거치면서 자연선택으로 다듬어지고 환경에 적응해왔기 때문이다.

문화의 영향을 배제한다면 사실 우리의 행동은 오십만 년 전과 크게 다를 것이 없다. 그런데 생물학자들은 행동의 근원을 유전적 기초에서만 찾고 문화적 기여는 경시하는 탓에 비난을 면치 못한다. 여기에 대한 내 견해는 이미 알 것으로 생각하고 더 이상의 말은 줄인다. 다만 수 세기 동안 문화적 영향만으로 인간 행동의 근원을 설명한 탓에 우리의 행동이 편향된 조명을 받아온 만큼 생물학자들은 이제 유전자의 영향에도 주목하기를 원하는 것이다.

그들은 거듭 유전자와 환경의 상호작용을 강조한다. 앞에서 말한 질문에 '두 명을 낳고 싶다'라는 대답이 나온 것도 그 점을 뒷받침하는 예시다. 언론 매체는 이것이 당신 혼자만의 성향이 아니라는 것을 더욱 뚜렷하게 보여준다.

나는 신문에서 중국 여성 83퍼센트가 그네들 법에 적힌 대로 아이를 한 명만 낳아서 기르는 것보다는 두 명을 선호한다는 내용의 기사를 보았다. 이 기사를 낸 벨기에 신문사에서 내국인을 대상으로 같은 조사를 했는데 중국의 사례와 거의 똑같은 결과를 얻었다. 부모의 과반수가 자녀 두 명을 원한 것이다. 두 명을 선호하는 중국 엄마들은 자신의 선택에 꽤나 사려 깊은 설명을 덧붙였다. 한 명만 낳아서 키우면 아이가 너무 버릇이 없어진다는 것이었다. 말썽을 부리고 버릇이 없는 아이들이 미래에 높은 지위에 오를 가능성은 낮을 테니, 좋은 버릇을 기르고자 두 명을 낳고 싶다고 했다. 그런데 어쩌나. 그러한 걱정은 아무 근거가 없다는 사실도 기사에 함께 적혀 있었다. 엄마들이 세상에 더 많은 아이를 남기고자 하는 유전적 동기에서 비롯된 지극히 개인적인 생각을 이처럼 이성적으로 설명하려는 모습은 매우 인상적이다. 그러한 생각은 유전자의 영향에서 비롯된 것이기 때문이다. 이 말을 듣고 엄마들이 화를 낼 수도 있으니 부연 설명을 하겠다.

진화의 수많은 메커니즘 가운데 가장 중요한 것은 번식이다. 진화는 번식을 통해서 이루어지기 때문이다! 수십만 년 전, 아이를 원하지 않은 남성과 여성은 우리 조상일 수가 없다. 우리는 아이를 낳아 기른 조상의 후손이다. 조금 더 자세히 말하면, 번식하고자 하는 열정이 클수록 자손을 둘 확률도 높아지니 결과적으로 우리가 지금 이 땅에서 걸어 다닐 확률도 높은 것이다. 많은 아이를 원하는 사람일수록 아이를 원치 않는 사람보다 그 유전자를 널리 남겼다. 덧붙이자면 아이가 없는 것은 유전 탓이 아니다. 재미없는 농담 같겠지만 사실이다.

앞에서 이야기한 바와 같이, 희망하는 자녀 수는 단순한 숫자가 아니라 많은 의미를 담고 있다. 선사시대에는 유아사망률이 지금보다 훨씬 높았다는 것은 널리 알려진 사실이다. 아이가 죽으면 놀라고 슬퍼하는 것은 그때나 지금이나 똑같지만, 우리 조상에게는 그런 아픔이 더 빈번했을 것이다. 그것이 바로 남성이 자신의 아이를 낳은 여성과 오랜 시간을 함께하는 이유 중 하나다. 위험에서 보호하거나 음식을 구해 와서 자기 자손의 생존율을 높이고자 했다. 따라서 우리 조상인 남성과 여성 들은 보통 아이를 둘 이상 낳아 길렀다. 냉정한 말이지만, 머릿수를 늘려 살아남을 확률을 높였다. 번식에 대한 욕구는 아이를 많이 낳는 방향으로 발현되었다. 그러므로 앞에서 언급한 중국 엄마들도 아이를 여럿 원하는 마음을 이성적으로 설명하려 애쓸 필요 없다. 그것은 조상에게서 전해 내려온 유전자가 그 행동을 강요하기 때문이다.

자, 지금까지의 내용으로 여러분은 생물학자가 무엇이든 유전자로 설명하려 든다는 것을 알았을 것이다. 그런데 정말로 그럴까? 내 이야기는 아직 끝나지 않았다. 신문이나 주간지에서 말했듯이 아이를 두 명 가지는 것이 가장 대중적인 바람이다. 넷, 다섯, 또는 그보다 많은 아이를 원하는 슈퍼 엄마들은 요즘 세상에서는 무척 특이할 수밖에 없다. 여기에 대한 우리의 행동을 설명하는 두 번째 궁극적인 근거가 있으니, 바로 환경과 문화의 영향이다. 지난 세기의 중반까지만 해도 아이 많은 집이 흔했다. 엄마가 아이를 키우는 데 필요한 노동량은 회사에서 풀타임으로 일할 때의 노동량보다 훨씬 많았다. 반면에 오늘날 여성들은 집에서는 파트타임으로 일하고 회사에서 자신의 경력에 헌신하기를 원한다. 우리의 환경이 문화적으로 바뀜에 따라 기쁘게도 여성들이 자신의 수입을 얻을 기회를 누릴 수 있게 된 것이다. 하지만 직업이란 시간과 엄청난 에너지를 소비하게 하므로 엄마가 기저귀, 우유병,

아이를 위한 샌드위치, 아이 책가방, 그리고 아이 네다섯 명과 그 밖의 성인 가족을 챙기기 위해 쓸 시간을 좀처럼 확보하기 어려웠다. 다시 말하면, 아이의 수에 문화적 제약이 생긴 것이다.

아이를 갖기 원하는 유전자는 그 역할을 다할 수 없는 환경과 충돌을 일으켰다. 이 유전자는 아이를 많이 갖는 방향으로 우리를 이끌며 그 속도를 높였고, 문화는 제동을 걸어 그 반대로 우리를 이끌었다. 그 교차점이 아이 두 명이다. 적어도 둘이면 평균이라는 뜻이다. 어떤 엄마들은 더 심하게 제동이 걸리기도 하고 어떤 엄마들은 훨씬 가속이 붙기도 한다.

당신이 가능하면 아이를 두 명 낳기를 원하는 것은 지극히 당연하다. 결혼 생활을 유지하는 유전자와 문화가 화합한 결과다. 진실하고 궁극적인 동기에서 비롯된 우리의 행동을 훌륭한 예시로 널리 알린 언론에 경의를 표한다. 그리고 독자의 정답을 인정하는 것이 그다지 내키지는 않지만 옳은 답을 한 당신에게도 감사한다.

회사에 간 다윈

인간 행동의 생물학적 뿌리를 찾는 강연회가 끝나고 축하연 안내소에 재킷을 찾으러 갔을 때였다. 안내소의 여성이 내 번호표를 들고 옷 보관소에서 헤매는 동안 강연 참석자 두 명이 나에게 다가왔다. 그중 서부 플랑드르 억양이 있는 사람이 나머지 한 명에게 말을 걸었다. 이 사람은 강연의 쉬는 시간에 다윈주의에서 회사, 경제, 그리고 한 집단을 이끌어갈 수많은 정보를 얻을 수 있을 것 같다고 옆 사람에게 말했다는 것이다. 그는 '적자생존'이 자연을 지배할 뿐만 아니라 경제도 지배한다고 했다. 그것도 말이 된다. 부실한 회사와 은행은 사라지고 건실한 경쟁자들은 살아남아 심지어는 더욱 번창하는 모습을 흔히 볼 수 있기 때문이다. 약한 동물은 빨리 죽고 강한 동물이 오랫동안 살아남아 번식하는 자연의 모습과 다를 것이 없다.

"일찍이 다윈도 그 부분을 지적했지요." 그가 말했다.

림부르흐 지역의 억양이 있는 옆의 동료는 그의 말이 아무 가치도 없고 유치하며 심지어는 위험하다고 생각하는 것 같았다.

"그럼 지금 자네 말은 사람이든 회사든 일단 약하면 살아남지 못한다는 건가? 이게 진화의 난센스라는 걸 잊지 말게나! 거기에 대한 건 생물학자들이 알아서 할 테니 괜히 경제에까지 적용하지 말자는 말일세."

그때 내가 끼어들었다.

"저, 제 재킷을 기다리는 동안 제가 끼어들어도 되겠습니까? 들어보세요……."

진화야말로 많은 사람이 그 정확한 뜻을 모르고 사용하는 단어 중 하나다. 진화는 적자생존만 강조하는 것이 아니고, 약자를 죽이려는 것도 아니며, 물론 난센스도 아니다. '강한 종의 생존'은 더욱 아니다. 진화란 유전자 공급원에서 발생하는 작은 변화다.

또한 이 변화는 무의미한 변화가 아니라 환경에 대한 적응이다. 이 변화의 범위가 점점 넓어져 동물이나 식물의 한 개체군이 다른 개체군과 큰 격차를 보이면 새로운 종이 형성되는 것이다.

두 사람은 이해가 안 된다는 표정으로 나를 바라보았다.

"좋습니다. 여기서 기억해야 할 것은 진화가 곧 적자생존은 아니지만, 가장 강한 자의 생존 확률이 더 높고 그에 따라 자손을 얻을 가능성 또한 큰 것도 사실이라는 점입니다. 만약 당신이 죽으면 번식은 어렵죠. 진화는 적응입니다. 종이 아니라 유전자에 대한 것이기도 하고요. 어떤 종이 다른 종보다 강하다, 또는 강하지 않다고 논하기는 어렵습니다. 모든 종은 각자 필요한 부분에서 성장하며 적응하죠. 즉, 진화는 종이 아니라 유전자에 의해 달라지는 것입니다."

"그래요, 그래요." 두 사람은 관심 없다는 듯 대답했다. 내가 먼저 재킷을 찾은 것을 질투해서 그러는 것은 아닌 듯했다.

"그렇다면 우리 회사와 관련된 사항은 대체 뭡니까?"

나는 한숨을 쉬었다.

"예컨대 인간은 환경에 적응해왔는데, 지금 우리가 서 있는 이 환경, 오늘을 보내는 이 삶이 아닌 수만 년 전의 열대 밀림과 같은 그 기후에서 말입니다, 오래전에 생존한 세대들은 그들의 환경에 적응했고, 그렇게 적응한 증거 자료가 유전자에 새겨졌습니다. 지난 수천 년 동안 지구의 기후는 극적으로 변화했고 도시와 기술도 마찬가지로 눈부시게 발전했습니다. 하지만 우리의 유전자는 이 짧은 시간 동안 아주 조금 변화했을 뿐입니다. 그러니 우리의 행동도 그 시간으로 돌아가서 생각해야 이해할 수 있죠."

"아, 그래요." 서부 플랑드르 억양의 남자가 안내소에서 자기 비웃을 받으며 말했다. "그게 바로 여태까지 당신이 강의에서 설명한 내용이죠!"

"세상에, 들었군요!" 나는 그에게 이렇게 답하며 미소를 지었다.

이러한 생물학적 뿌리는 회사에도 매우 중요하다.

회사 관리자는 지도력을 비롯한 여러 가지 기본 소양을 기술적 훈련으로 습득한다. 또한 자신의 동료들이 만들어둔 정교한 공식을 이용해 인간 자원을 자신이 원하는 틀에 맞춰 멋대로 반죽할 수 있다고 생각한다.

그런데 이러한 접근은 우리의 유전자와 오래전부터 함께한 수많은 행동 요소와 부딪힐 때도 있다. 물론 오래된 행동 요소를 통제하려고 노력할 수는 있다. 가령 공격적인 성향은 반드시 통제해야 한다. 하지만 이러한 노력이 항상 성공하지는 못한다. 지도력에 대해 이야기를 나누어보자. 관리자가 여러 가지 공식을 적용하면 자신이 훌륭한 지도자가 될 수 있다고 생각하는 경우가 있다. 적당한 때에 웃고, 어깨를 두드려주고, 가끔은 아주 엄격한 모습을 보여주는 것이다. 하지만 그로써 원하는 효과를 얻지는 못할 것이다. 사람들은 누군가를 지도자로 인정하고 인식하는 생물학적 공식을 타고났기 때문이다. 이 생물학적 공식은 오랜 시간에 걸쳐 발전해왔다. 진정한 지도자는 자연스럽게 신뢰를 보여주고, 사회적이고 공감하는 모습 등을 보인다. 이런 특징이 있다면 당신은 사랑스럽고 따를 수 있는 상사로 자연스레 인식되는 것은 물론 더 많은 것을 이루어낼 수 있을 것이다.

"아직 이야기가 더 남았습니다." 나는 계속해서 말했다.

"소비자 행동에 관한 연구에도 다윈 이론이 깊이 침투해 있지요. 소비자와 판매자의 관계, 도박 같은 주식 거래……."

플랑드르 억양의 사람이 내 말을 끊었다.

"맞습니다. 다른 사람들이 사면 너도나도 사죠. 군중심리로요!"

나는 반박했다.

"그건 아닙니다. 인간에게는 군중심리가 없습니다. 그게 바로 잘못된 이해죠."

말은 선두 주자를 따라 걷기 때문에 군중심리가 있다고 보는 것이 맞지만, 사람은 다르다. 인류는 진화를 거치며 사회성이 매우 발달했다. 따라서 군중심리가 아닌 사회성에서 비롯한 협동을 중요시하는 것이다.

우리 조상의 삶에서 결집력이 뛰어난 조직은 매우 중요한 역할을 했다. 조직의 과반수가 하는 일은 옳은 일이라는 것을 서로 배웠기 때문이다. 굳이 거기서 이탈해야 할 이유가 있을까? 그랬다가는 내 실수가 조직의 결집력을 해칠 수도 있다고 여겼다. 그러므로 인간이 타인의 행동을 따라 한다고 해서 그것을 군중심리로 볼 수는 없다.

"그렇게 진화가 이루어지는군요." 림부르흐 억양의 남자가 자기 재킷을 찾아 들고는 말했다.

"아뇨, 아뇨. 이건 그냥 작은 예시일 뿐입니다. 내가 일 년에 걸쳐 강의하는 이론과 내 견해를 이 짧은 시간에 다 설명할 수 있을 거라고 생각하세요?"

"아뇨, 당연히 아니죠." 그가 대답했다.

"하지만 이제 다윈 이야기가 점점 흥미롭게 들리는군요."

흥미롭게도 두 사람 모두, 진화가 자신의 지도력과 경영에 근본적으로 기여한다는 것을 확신한다고 했다.

"하지만 먼저 진화가 정말 무엇인지, 사람이 어떻게 진화하는지, 오늘날 우리가 어떻게 행동하는지 알면 더 좋을 텐데요. 거기서부터 시작해야 하는 게 아닐까요?" 나는 모자를 고쳐 쓰며 마치 오지랖 넓은 동네 아저씨처럼 말했다.

이슬비 내리는 거리로 발을 옮기려는 순간 그가 뜻밖의 말을 했다.

"그렇다면 수업을 좀 들어도 될까요?"

"당연하죠!"

이기심과 협동
어느 쪽이 이득이지?

내 아내는 내가 범죄와 관련된 무슨 비밀을 숨긴다고 생각했나 보다. 어느 날 내가 신문을 읽다가 '죄수의 딜레마'라고 중얼거리자 그녀가 이상하게 쳐다보며 물었다.

"죄수 뭐?"

"아무것도 아냐."

매일 뉴스에 이 딜레마에 대한 이야기가 얼마나 차고 넘치는지 흥미로울 따름이다. 이 용어와 친숙하지 않은 사람을 위해 굳이 설명하자면, 죄수의 딜레마란 게임 이론의 하나로 우리의 사회 행동을 이해하는 데 도움을 준다.

범인 두 명이 범죄를 저지른 후 함께 체포되었는데, 서로 떨어져서 신문을 당한다고 가정해보자. 둘은 이때 한 가지 제안을 받는다. "공범에 대해 자백하면 당신은 자유의 몸이 되고 상대가 책임을 다 지게 될 것입니다. 그러니까 그쪽이 모든 형벌을 다 받게 되겠죠. 징역 5년 말입니다." 만약 둘 다 말을 하지 않으면 두 사람 모두 2년형을 받게 된다. 여기서 핵심은 둘 다 상대의 죄를 자백할 경우, 그러니까 서로 밀고하면 양쪽 다 중간 수준의 형벌인 3년 징역형을 받는다는 것이다. 이것이 바로 죄수의 딜레마다.

먼저 '죄수'라는 용어가 눈에 들어올 것이다. 그들은 어떤 선택을 하던 감옥에 갇힐 것이다. 그러므로 '죄수'인 것은 명백하다. 그런데 '딜레마'란 무엇일까? '딜레마'는 서로 협동하면 아무 일도 없을 것이라는 사실을 알지만 상대를 배신하는 것이 더 나을지도 모른다는 선택의 갈림길에 선 상태를 말한다. 결국 자신은 형벌을 받지 않고 상대가 전부 덮어쓰는 것이 둘 다 중간 수준의 형벌을 받는 것보다 구미가 당기는 제안일 것이다. 여기서 바로 난처한 문제가 발생한다. 두 죄수 모두 머리가 너무 좋은 나머지 이같이 계산해서 결국 중간 단계의 형벌을 받게 되는 것이다. 바보 같은 이야기처럼 들리겠지만, 우리는 심심찮게 이러한 딜레마에 빠진다.

이러한 모델은 컴퓨터를 사용하여 재현할 수 있다. 기술 요소에 대한 자세한 설명은 생략하기로 하고, 컴퓨터 게임으로 모의실험을 해보면 언제나 이기심이 협동심을 이긴다는 것을 알 수 있다.

하지만 게임이 여러 판 진행될수록 이기심과 협동심 사이에서 고민하게 되고 생소한 결과가 나타난다. 바로 협동심이 이긴다는 말씀! 장기적으로 보면 당신의 이기심을 멀리 보내버리고 타인과 협동하는 것이 이익이다. 위 예시에서는 감형이 곧 이익에 해당한다.

이 모델이 단지 놀이일 뿐일까? 그렇지 않다. 굳이 비교해보지 않아도 놀이보다는 유용하다. 이러한 종류의 모델은 매우 실용적이다. 특히 죄수의 딜레마는 우리의 실생활에서 이루어지는 사회적 행동을 이해하는 데 쓰이고, 이를 통해서 협동도 설명할 수 있다. 진화에서 항상 이기심이 승리하지는 않았다. 만약 동물들이 서로 오랜 시간 알아왔다면, 혼자서 무언가를 하는 것보다는 협동이 더욱 큰 이익을 가져다줄 것이다.

첫 문단에서 말했듯이, 이 모델은 우리 일상에서 비일비재하게 볼 수 있다. 만약 '이 게임'이 계속해서 반복된다면 우리는 결국 협동 쪽으로 마음이 돌아설 것이다. 회사에 이 모델을 적용해보자. 당신의 사장은 매달 당신이 제공한 노동력과 월급을 맞교환한다. 그가 한 달 정도 당신의 월급을 안 준다면, 자신의 경제 상황에 이득이 될지 몰라도 '게임'은 곧바로 종료된다. 만약 이를 실행한다면 당신은 사장과 협동하던 것을 멈추고 바로 다른 일을 찾아서 나갈 것이다. 또한 사장은 이기적인 인간으로 소문이 나 새 직원을 구하기 어려울 것이다. 그러므로 결국 일과 돈의 반복적인 교환은 곧 상호 간의 협동이라고 볼 수 있으며, 그것은 우리 사회를 지키는 견고한 시스템이 된다. 이는 동네 빵집의 매상을 지속해서 올려주거나 빌린 달걀을 달걀로 다시 갚는 경우 등 우리 일상에서 수없이 적용할 수 있다. 여기서 기억할 점은 우리가 상호 간의 지속적인 협동은 결국 이득이 된다는 것을 안다는 사실이다.

하지만 안타깝게도 이 사회에서는 그러한 점이 잘 드러나지 않는다. 충분히 상식선에서 통제할 수 있는 이기심이 사회 전반에 심심찮게 보이기 때문이다. 신문 기사를 예로 들어보자. 2008년부터 2009년을 강타한 경제 위기는 우리가 저축을 줄이고 소비를 늘렸다면 일어나지 않았을 일인지도 모른다. 그랬다면 경제가 원활하게 돌아가 결국 사회 전반에 좋은 일이 되었을 것이다. 하지만 우리 대다수가 협동하지 않았기에 경제 위기는 현실이 되었다! 사람들은 불확실한 미래를 대비하고자 저금을 하는데, 때로는 그 때문에 경제 위기가 일어날 수도 있다. 모두를 생각했을 때 좋지 않은 일이다. 이 뒤에는 다 함께 조금 더 소비하면 모두에게 더 나은 상황이 온다는 것을 알면서도 나 하나쯤은 괜찮을 것으로 생각하는 이기심이 숨어 있다. 그러한 이기심이 모이면 위기가 온다는 사실을 고려하지 않은 나머지 결국 경제 위기를 맞게 되는 것이다. 바로 여기에서 죄수의 딜레마를 찾아볼 수 있다. 내가 저축하면 당장은 얻는 것은 더 많아지겠지만, 그로 말미암아 경제 위기는 심해지고 결국 우리 모두가 점점 물 아래로 가라앉을 것이다. 왜 우리는 협동하지 않는 것일까? 협동의 메커니즘은 반복 없이는 형성되지 않는다. 이 때문에 우리는 사회적 행동에 대한 보상을 기대할 수 없다.

또 다른 예를 들어보자. 당신의 집 주변에 사는 성범죄자의 신상 정보를 밝히는 문제에 대한 찬반 논란이다. 네덜란드는 벨기에보다 훨씬 오래전에 이러한 시스템을 도입했다. 방어적인 부모는 이렇게 생각할지 모른다.

"좋지. 어떤 성범죄자가 우리 동네를 돌아다니는지 알아야 아이를 지킬 수 있잖아."

이에 대해 정부와 아동 학대 관련 부처는 이렇게 대답한다.

"아닙니다. 그러면 다들 외국으로 떠나버릴 테니 더는 그들을 통제할 수 없게 되고, 그 결과 다른 피해자들을 만들지도 모릅니다."

성범죄자의 신상 정보를 공개하는 웹 사이트를 개설하지 않는 데 동의함으로써 내 이득은 뒤로하고 사회 전체의 이득을 추구하는 것은 협동의 기본이다. 모두 여기에 동의한다면 그런 웹 사이트는 결국 생성될 수 없다.

그때 예상되는 반응은 "좋아, 그럼 우리 동네만이라도 그런 시스템을 구축했으면 좋겠군. 우리 아이만은 안전한 곳에서 키우고 싶으니 말이야." 정도일 것이다. 사람들은 이 웹 사이트를 개설

하지 않았을 때의 이점은 생각해보지 않았을 테니 같은 의견이 계속 나올 것이다. 이 게임은 단 한 번만 진행되므로 결국은 내 사정이 남의 사정보다 중요하다.

만약 형벌이나 보상이 반복되지 않으면 죄수의 딜레마처럼 인간의 이기심은 계속해서 협동심을 제치고 그 존재를 드러낼 것이다. 앞선 예시와 같이 모든 일에 형벌과 보상이 늘 반복되는 것은 아니다. 다만 교육이 협동의 중요성을 인식하는 데 조금은 도움이 될 수 있다. 개인의 이익을 능가하는 사회 전체의 이익이 존재한다는 것을 경험해보지는 못했더라도 이 이야기 안에서처럼 과학자들이 증명해주었으니 말이다. 우리가 일상 속에서 늘 죄수의 딜레마라는 게임에 '참여'한다는 사실을 항상 의식하는 것이 중요하다.

실현할 수 없는 일이지만 모든 사람이 이 딜레마를 이해한다고 가정해보자. 즉, 협동의 부재로 발생하는 문제점을 이미 인식하고 있다고 가정하는 것이다. 그렇다면 신문에는 전혀 다른 내용의 기사가 실릴 것이다. 그러면 나는 계속해서 '협동'을 외칠 테고, 내 아내는 자신에게 하는 얘기로 착각하겠지.

관찰 2단계

남자는 왜 어린 여자를 좋아할까

남자는 왜
어린 여자를 좋아할까

뉴캐슬에 사는 만 열다섯 살의 한 소녀가 일 년 동안 성매매로 10만 파운드를 벌어들였다는 신문 기사를 본 적이 있다. 낮에는 학교에, 밤에는 길에 머무르는 이중생활을 즐겼던 것이다. 아동보호 단체 세이브더칠드런Save the Children이 발표한 2007년의 한 보고에 따르면 영국의 미성년자 매춘부는 오천 명에 달하며 그중에 4분의 3은 소녀라고 한다. 그런가 하면 미국은 그 숫자가 수십만 명에 달한다는 기사를 읽은 기억도 있다. 인간으로서 부끄러운 일이 아닐 수 없다. 이를 위한 대책이 시급하다. 아동 성매매는 아동학대라는 점을 잊지 말아야 한다! 하지만 그것이 이번 이야기의 주제는 아니다. 이 신문 기사들에 분노하는 한편, 나에게는 왜 이토록 수많은 소녀가 매춘부가 되느냐는 의문이 생겼다. 그렇다면 이제 슬슬 다윈의 안경을 써보자. 어째서 남성은 어린 여성, 심지어는 미성년 소녀와 성관계를 하고 싶어 하는 것일까?

멍청한 질문으로 여기리라는 것은 잘 안다. 남성이 결혼 상대로서는 물론 성관계 대상으로 어린 여성을 선호한다는 것은 잘 알려진 사실이기 때문이다. 남성이든 여성이든 모두 이런 남성의 행동을 마치 나무에서 사과가 떨어지는 것처럼 자연스러운 현상으로 받아들인다.

하지만 과학자는 나무가 사과에서 떨어지는 이유, 남성이 어린 여성을 선호하는 이유에 관심이 있다. 당신이 굳이 이 질문에 흥미를 느끼는 진짜 과학자가 될 필요는 없다고 해도, 조금 그 시선을 달리하면 이 문제가 전혀 사소하고 필요 없는 질문이 아니라는 점을 알게 될 것이다.

남성이 매춘부에게 원하는 것은 무엇일까? 섹스지. 그럼 기분 좋은 섹스, 기분 나쁜 섹스? 당연히 기분 좋은 섹스지. 그렇다면 그걸 줄 수 있는 건 경험이 많은 여성일까, 경험이 없는 여성일까? 당연히 경험 많은 사람 아니겠어? 좋아. 그러면 어린 여성과 나이 많은 여성 중에 성 경험이 더 많은 쪽은 어디일까? 나이 많은 여성이지. 그럼 이제 마지막 질문, 남성이 나이 많은 여성과 어린 여성 중 어느 쪽을 더 선호할까? 이봐, 당연히 어린 쪽이지. 뭐, 당연하다고? 이건 어떻게 설명할 수 있을까? 어린 매춘부가 좋은 서비스를 제공해줄 가능성은 적다. 하지만 경험을 능가하는 무언가로 인해 많은 남성에게 선택받는다. 그러니 나이가 많은 동료보다 돈을 많이 버는 것은 당연하다. 뉴캐슬의 어린 매춘부가 단기간에 거금을 손에 쥔 것도 같은 논리다. 남성이 지혜롭지 않다는 것은 모두 아는 사실이다. 하지만 여기서는 다윈의 안경을 쓰고 그 배경을 한번 살펴보자. 이번에도 인류의 진화가 모든 것을 설명해준다.

우리 조상이 번식하지 않았다면 우리는 지금 이 자리에 없을 것이다. 아이를 많이 두었을수록 우리 조상일 가능성도 크다. 그들은 유전자를 남들보다 나은 방법으로 퍼뜨렸고, 자연선택은 그 방향으로 진행되었다. 유전자를 퍼뜨리는 좋은 방법 중 한 가지는 배우자 선택이다. 당신의 배우자가 번식에 능숙할수록 당신의 유전자가 다음 세대에 이어질 확률이 높아진다. 남성에게는 오랜 시간 함께 살며 자신의 아이들을 낳을 수 있는 배우자를 찾는 것이 중요했다. 표현이 조금 냉정하지만, 전문 용어로 번식 가치(번식력과 헷갈리지 말자)가 중요했던 것이다. 여성의 번식 가치에서 중시한 것은 미래를 위한 대비책이었다.

여성에게는 폐경이 존재해서 성숙한 여성은 어느 순간부터 번식능력이 사라진다. 다시 말해, 여성의 연령이 폐경기에서 멀면 멀수록 번식 가치가 더 높은 것이다. 우리의 발정 난(노골적인 단어 사용에 심심한 사과를 전한다) 조상은 요즘 시대에는 너무나 당연한 이런 기초 지식이 없었는데도 본능적으로 이를 염두에 두고 어린 여성을 찾았다. 정확히 말하자면, 어린 배우자를 선호하는 유전형질을 타고난 남성은 나이 든 배우자를 둔 남성보다 번식 가능성이 더 커지는 것이다. 이러한 유전형질은 세대에서 세대로 전수된다. 이런 과정을 거쳐 남성이 어린 여성을 선호하는 특성이 현대에도 전 세계적인 현상이 되었으며, 어린 매춘부에게 그 많은 돈을 지불하는 이유가 된 것이다.

내 설명이 너무 멀리 나갔다고 생각하는 독자를 위해 믿을 만한 증인을 모시려고 한다. 우리의 친척, 침팬지다. 암컷 침팬지는 폐경이라는 현상을 겪지 않는다. 즉, 평생 번식할 수 있다. 그래서 수컷 침팬지는 인간 사회의 남성과 달리 나이 많은 암컷에게 더 이끌린다. 풍부한 번식 경험을 갖춘 암컷 침팬지가 있기 때문에 애초에 어린 암컷 침팬지에게는 관심을 두지 않는다. 즉, 침팬지는 나이 많은 매춘부에게 더 많은 돈을 주는 셈이다.

이런, 어디선가 비판이 들려온다. “누가 애 만들러 간답니까? 재미나 보려는 거지.” 그 말도 믿고 싶지만, 자연선택은 아직 쾌락에는 관심이 없다. 우리의 유전자에 새겨져 있는 것은 단지 번식 전략밖에 없기 때문이다. 성관계에서 느끼는 쾌락은 진화와 번식을 이끌어낼 미끼 역할을 할 뿐이다. 그러나 육체적 관계, 짝짓기

등 이름이 어떻든 간에 그 행위가 쾌락을 주지 않았다면 우리 조상은 번식을 위한 성관계를 하지 않았을 것이고, 그러면 우리는 태어나지도 않았을 것이니 진화도 없었을 것이다.

쾌락을 위해 매춘부를 찾는 남성 역시 궁극적으로는 번식을 원하는 어느 유전자에 따를 뿐이다. 어린 배우자를 선호하는 유전자 말이다. 그 유전자는 결국 뉴캐슬 여학생의 돈줄로 연결된다.

여기까지가 사소해 보였던 질문에 대한 답변이다. 이 분석이 우리에게 무슨 도움이 되느냐고? 이 내용이 단지 진화심리학자와 행동생물학자에게만 흥미로운 이야기일까? 아니다, 오히려 이것은 우리에게 도움이 될 수 있다. 이러한 행동의 뿌리가 우리의 성생물학에 있다는 점을 알리고 이를 이해시킴으로써 아동에 대한 성적 학대를 방지하는 하나의 대안을 마련할 수 있다.

성관계 상대로 어린 소녀를 찾는 것은 번식 욕구 때문이며 쾌락을 원한다면 경험 많은 성숙한 여인을 찾는 것이 옳다는 것을 이해시켜야 한다. 자, 우리 딸들을 지키자.

이것은 결혼 생활에서도 마찬가지다. 두세 번의 결혼 경험이 있는 50대 중년에게는 이제 번식이 중요한 문제가 아니다. 그들은 여러 번의 결혼 생활을 통해 같은 연령대의 배우자와 더 건강한 관계를 유지할 수 있다는 점을 터득하게 된다.

진화적 사고와 교육은 우리가 유전자의 노예가 되지 않고 더 현명하게 행동할 수 있도록 도울 수 있다. 그렇다면 내가 신문에서 읽을 기사들의 내용도 어린 매춘부가 아닌 나이 많은 매춘부의 수입 상승에 대한 것이 되겠지. 하지만 실제로 일어나기 어려운 일이라는 것은 나도 잘 안다. 그래도 내 환상을 깨뜨리진 말아줘!

오직 인간만이 미소 짓는다

젊은 연인이 레스토랑 입구로 들어온다. 지배인이 "예약하셨나요?"라고 묻자 남자는 아니라는 대답과 함께 갑작스러운 방문을 사과한다. 그는 아랫입술을 꽉 문 채 과장하여 고개를 젓는다. 아마도 예약제인 레스토랑의 규칙을 어긴 자신을 책망하는 것이리라. 지배인은 레스토랑 안쪽의 테이블을 훑으며 해결책을 찾으려 했다. "잠시만 기다려주세요." 여자는 지배인에게 고개를 살짝 숙여 인사하더니, 어깨를 축 늘어뜨린 채 바닥만 바라보았다. 무언가 잘못을 저지르고 붙잡힌 듯한 얼굴이었다. 그녀의 얼굴에 곤란한 미소가 서렸다.

지배인은 해결책을 들고 두 사람을 향해 웃으며 다가왔다. "들어오세요!" 젊은 연인은 레스토랑 내부로 들어와 내 테이블 옆에 앉았다. '예약석'이라고 적힌 표지를 살며시 치운 지배인이 그들에게 윙크했다. 그러자 남자는 좀 겁먹은 표정으로 내키지 않는 듯 무거운 발걸음으로 다가와 자리에 앉았다. 마주 앉은 연인은 범죄라도 저지른 듯, 연신 주변을 두리번거렸다. 예약도 하지 않고 테이블을 차지한 것을 들킬까 봐!

나는 이 레스토랑의 대처가 참 마음에 들었다. 젊은이들에게 해결책을 찾아주었을 뿐만 아니라 메인 코스를 기다리는 동안 흥미로운 구경거리를 제공했기 때문이다. 발걸음, 움직임, 눈 깜빡임까지 젊은 연인의 모습은 우리가 하는 사회적 행동의 기본 요소를 그대로 담고 있다. 그 표정과 몸의 움츠림, 어깨를 늘어뜨리는 모습까지 모두 사소하지만 분명한 우리의 행동 레퍼토리 중 하나이며, 이는 타인에게 공격성이 없음을 나타낸다.

미소도 거기에 포함된다. 모르는 사람은 그 미소를 친절함의 표현으로 여기겠지만, 이는 공격 억제 신호의 첫 번째 단계다. 보통 실수를 저지른 사람이 잘 웃기 마련이다. 말실수하고, 무언가를 떨어뜨리고, 지나가는 사람과 부딪힌 경우 등등. "바보짓을 저질렀네요. 죄송합니다."라거나 "규칙을 어겼네요. 죄송합니다." 또는 "당신이 생각지도 못한 일을 저질렀네요. 죄송합니다."라는 말로 사과할 것이다. 그러면 적어도 나에게는 전혀 나쁜 의도가 없었다는 것이 상대에게 전달되며, 어려운 상황을 맞이할 일도 없다. 친절은 공격 억제 신호의 하나이므로 이러한 행위를 친절로 간주하는 것도 아주 잘못된 것은 아니다. 사람이 공격적이면서 동시에 착할 수는 없다. 따라서 자기 의도를 제대로 표현하고 싶다면 친절한 신호를 보내는 것이 정답이다. 그런데 우리가 합리적이어서 이런 행동을 하는 것일까? 아니, 그렇지 않다. 그저 선천적으로 유전자에 새겨진 행동 시스템을 따라 행동하는 것뿐이다.

여기에 관해 이야기하기 전에, 예약 없이 레스토랑에 찾아와 빈 예약석을 차지한 젊은 연인의 행동에 주목해보자. 왜 그들은 그런 신호를 보냈을까? 그들은 단지 요기나 하려고 레스토랑에 왔을 뿐인데 말이다. 이 연인은 죄책감에 시달리고 있다. 예약도 안 하고서는 예약석에 앉았다는 것 때문에 양심의 가책을 느끼는 것이다. 이는 그저 작은 죄책감에 불과하지만 분명히 존재하는 감정이며, 우리의 두뇌는 작은 기분의 변화에도 매우 민감하다.

그들이 규칙을 어긴 것은 사실이다. 그러나 더는 부정을 저지를 생각이 없고 누군가를 해칠 목적도 없으므로 그저 얌전히 음식만 먹고 가겠다는 것을 공격성 억제 신호로 다른 사람들에게 알리고자 하는 것이다. 이런 경우의 억제 신호는 매우 작다. 큰 잘못을 한 것이 아니기 때문이다.

그때 종업원이 다가왔다. "죄송합니다. 오늘 스테이크 물량이 다 떨어졌는데, 어떡하죠? 대신에 이 메뉴는 어떠신지요." 그러고는 떨리는 손으로 메뉴판의 한 음식을 가리킨다. 이번에도 미안하다는 말이 따라온다. 또한 공격성 억제 신호가 발동하며, 역시 그 강도가 약하다. 종업원도 고객의 스테이크 주문에 스테이크를 대령해야 한다는 규율을 어겼기 때문이다. 그러므로 그의 유전자는 공격성을 억제한다. 내 행동이 잘못되었다는 것을 아니 날 해치지 말라는 의미다. "죄송합니다."라는 말은 우리가 가장 흔히 들을 수 있는 공격성 억제의 말로, 여기서는 언어 신호의 역할을 한 것이다. '미안'이라는 단어와 그 발음은 그렇지 않다고 해도, 사과의 동기는 유전적으로 정해져 있다. 변명은 아직도 사과의 말보다는 공격성을 억제하기에 부족하다. 바로 여기에서 문화가 유전적 행위를 보완한다. 유전자가 '미안하게 됐으니 공격성을 억제하자'라고 신호하면 문화가 "죄송합니다."라는 사과의 말을 덧붙이는 것이다.

우리가 매일 마주치는 이런 사소한 일상을 공격성과 연관하여 생략하는 것은 무리한 연결이 아니냐는 의견이 나올 수도 있다. 공격성이란 길에서 온몸이 뒤엉킨 채 주먹다짐하거나 폭탄을 던지는 등의 행위지 레스토랑과는 아무 관계가 없지 않으냐며 말이다. 하지만 그 말은 옳지 않다. 공격성이란 언제 어디서나 만날 수 있는 감정 중 하나인데, 단지 우리가 느끼지 못하는 것이다. 우리는 무장 갈등이나 싸움 같은 극단적인 형태의 공격성만을 인식한다.

공격성은 오래전부터 우리 사회 시스템에 녹아들었고, 우리는 이것이 올바른 방향으로 가도록 시스템을 정비해왔다.

거듭 강조해서 지겨울지도 모르지만, 여전히 인간은 사회적 동물이다. 즉, 사람과 사회는 결국 동의어나 마찬가지다. 제대로 된 인간관계 속의 삶이야말로 가장 문화적이고 탄탄하며 숭고하고 이상적인 시스템이라고 할 수 있다. 이 삶을 우리는 협동이라고 말한다. 물론 고차원적 협동 문화를 이룬 다른 동물도 있기는 하지만, 인간처럼 정제된 시스템을 갖추었다고 하기는 어렵다. 우리가 이 모든 것을 자연스럽게 여기는 이유는 우리가 이미 각자의 위치에서 한 자리씩 차지함으로써 사회를 이루기 때문이다. 다른 상태를 본 적이 없어서 지금 이 모습을 매우 당연하게 여기는 것이다. 하지만 생물학적으로는 결코 당연한 일이 아니다. 인간이 구축한 세련된 협동의 체계는 구성원들의 마찰로 무너질 수도 있다. 예를 들어 당신과 내가 무거운 테이블을 함께 옮긴다고 해보자. 우리 두 사람은 같은 방향으로 같은 힘을 준다. 만약 당신의 걸음이 너무 빠르다며 내가 투덜거리기라도 하면 테이블을 옮길 수 없을 것이다. 네 명이 테이블을 옮겨도 역시 같은 문제가 발생할 수 있다. 이 일에 관여하는 사람이 많을수록 그 관계가 무너질 가능성도 커진다. 협동은 좋은 방향으로 실행되어야 한다. 하늘을 찌를 듯이 높은 건물을 지을 때 얼마나 견고한 조직의 힘이 필요한지 상상해보면 쉽게 이해할 것이다.

수십만 년 전, 우리 조상들이 생각한 협동의 중요성도 지금과 다르지 않았다. 사냥하려면, 머무를 곳을 만들려면, 아이들을 교육하려면 좋은 조직이 필요했다. 이 조직 사이에서 균형을 이루려면, 매우 주의해야 한다. 사람이 많이 모이면 다툼이 벌어질 가능성도 커서 그 균형이 쉽게 무너지기 때문이다. 함께 산다는 것은 안전, 음식 공유, 협동과 같은 이점이 있지만 그 반대의 양상도 있다. 오직 사회적인 고등동물만이 보이는 양상이기도 하다.

조직에 사람이 많을수록 음식, 사회적 연줄, 그리고 부탁에 대한 경쟁도 심화한다. 그렇다 보니 갈등이 발생하는 것은 결국 시간문제다. 이것이 바로 공동생활의 모순이다. 다시 말해, 이익과 손해가 동시에 발생하는 것이다. 손해를 줄이고자 인간은 공격성 억제 시스템을 발전시켰다. 잠재적인 공격적 갈등을 비롯한 갈등은 모조리 예방되어야 한다. 협동에 따른 이득을 생각할 때 공격성은 그저 내버려두기에는 치러야 할 대가가 너무 어마어마하다.

이 억제 시스템은 각 구성원이 협동을 방해할 나쁜 의도가 없다는 것을 확실하게 전달하는 신호가 된다. 훈련된 관찰자는 레스토랑뿐만 아니라 여러 장소에서 이런 신호를 엄청나게 잡아낼 수 있다.

언어를 통한 것이 아닌, 그러니까 비非구두 행동에서는 공격성 억제 양식의 범위가 매우 넓고 그 역사도 길다. 자신에게 공격성이 없다는 것을 자신의 움직임으로 나타내는 것이다. 따라서 이런 신호는 상대를 편하게 하려고 자신의 지배 의식을 숨기는 것이라고도 말할 수 있다. 공격성을 억제하면 우리는 어깨를 움츠리고 무릎을 살짝 굽히며 고개는 살짝 숙인 채 시선이 땅을 향하고 다른 사람을 제대로 쳐다보지 못하게 된다. 인간을 비롯한 영장류에게 누군가를 똑바로 쳐다보는 행위란 공격을 의미하기 때문이다. 또한 문화의 영향 덕분에 생물학이 설계한 인간의 공격성 억제를 언어로 대체하게 되었다. "죄송합니다.", "미안합니다." 또는 "아, 그런 의미가 아니었습니다." 등등. 하루에 몇 번이나 미안하다는 말을 하는지 세어보는 것도 나쁘지 않을 것이다.

이번에는 미소다. 미소야말로 내가 처음에 말했던 갈등과 충돌을 억제하는 역할을 한다. 누군가가 당신을 이방인에게 소개한다면, 당신은 상대를 안심시키기 위해 바로 미소를 지어 보일 것이다. '당신이 낯설기는 하지만 그렇다고 때릴 생각은 없습니다'라는 의미이리라. 처음부터 떨떠름한 표정으로 악수하고 나서도 그 사람의 표정이 바뀌지 않는다면, 이는 나쁜 의도가 있거나 근육이 경직되어 있거나 공격성 억제를 통해 친근함을 표시해본 적 없는 선천적으로 심보가 고약한 사람일 것이다.

요약건대, 미소 짓지 않는 사람은 없다! 협동은 인류에게 꼭 필요한데, 공격성 억제가 따라야만 유지되는 요소다. 웃음이 바로 공격성을 억제하는 제어 장치이며, 그런 점에서 인간만의 특징이라고 할 수 있다. 과장이 있긴 하지만 그 정도로 미소는 중요하다.

당연히 우리가 공격성을 억제하지 말아야 할 상황도 있다. 당신의 부인과 바람이 난 직장 동료가 뻔뻔스럽게 집에 찾아와 당신 부인의 속옷을 가지러 왔다고 한다면, 당신의 대답은 그 무엇도 아닌 동료의 코를 강타하는 주먹일 것이다. 공격성을 제어할 이유가 없는 사안이다. 다만 이는 우리가 다루고자 하는 주제와는 약간 떨어져 있는 관계로 여기까지만 이야기하겠다.

한편 전쟁에 대해서는 생각해볼 부분이 있다. 전쟁이 벌어지면 그 특성상 군인들은 상대방의 공격성 억제 행동에 신경 쓰지 않고 계속해서 공격한다. 전쟁터에서는 그 누구도 상대방의 공격성 억제에 주의를 기울이지 않는 것이다.

어느새 후식까지 다 해치우고 나서 나는 다시 그 연인을 바라보았다. 남자가 손가락으로 계산서를 가리키면서 종업원과 대화를 나누고 있었는데 눈에 화가 어려 있었다. 어떤 실수가 있었는지는 모르겠지만, 종업원은 계속해서 자신의 미안함을 미소와 눈빛으로 남자에게 전달한다. 무슨 일인지 참견하면 공격성이 더 강해질지도 모르니 내 질문은 참아야겠다. 결국 레스토랑의 음식에 비하면 진화는 그다지 비싸지 않은 듯하다.

진화가 나를 뚱뚱하게 만든다

섹시한 속옷을 입은 여성이 거울 앞에 서서 속옷의 밴드 주변에 튀어나온 옆구리살, 그녀의 표현을 빌리자면 지방 덩어리인 '러브핸들•'을 기분 나쁘다는 표정으로 본다. 면적이 꽤나 넓다. 불쾌한 기분이 슬그머니 그녀의 공격성을 자극한다. 그녀는 배 둘레의 튜브를 꼬집고는 거울을 향해 새된 목소리로 말한다. "다 내 잘못이야! 이 지방 덩어리." 이런 그녀에게 무언가 연민이 느껴진다. 체중 증가가 모두 개인의 잘못이라는 건 다 옛날 얘기에 불과하다. 사실 이 범죄를 책임질 사람들은 따로 있기 때문이다. 진화가 그 중 하나다.

• Love Handle, 원래 연인끼리 자연스럽게 허리를 껴안을 때 닿는 부분을 가리키는 말이나 결국 손을 얹은 위치에 자동차의 핸들처럼 잡히는 두툼한 살이 있다는 뜻

1970년대부터 다이어트 산업은 점점 성장했다. 다이어트를 하는 수많은 사람과 그들의 체중 감소 바이블은 우리를 거울 앞에 세워놓고 이렇게 속삭이기 시작했다. "체중이 많이 나가면 안 돼. 뚱뚱한 몸 때문에 건강도 해치고 사회적으로도 매장될 거야. 하지만 우리가 정한 목표에 도달할 때까지 바이블의 엄격하고 혹독한 처방을 따르면 널 매장한 사람들에게 그 빚을 갚아줄 수 있을 거야." 그리고 이런 다이어트 바이블을 신봉하는 지지자들이 생겼다. 수백만 명에 이르는 지지자는 대부분이 여성이었다. 이들은 자기 눈앞에 놓인 음식을 거부하며 스스로 고문했고, 그들의 신체는 열량을 거부하기 시작했다. 채찍질과 함께! 몸에 불필요하게 붙은 지방을 다 떼어내는 것이라면서 말이다. 결국 이런 다이어트는 단기간 동안 효과가 있었다. 체중이 약간 감소한 것이다. 하지만 장기적으로 보면 체중 감소 바이블은 서양에서 평균 체중, 즉 평균 BMI(체질량지수)를 상승시켰다!

최근에 우리가 듣는 이야기와는 사뭇 다른 소식이다. 다이어트 업계의 새로운 전문가들은 체중 증가는 당신의 책임이 아니고, 비만 인구의 비율도 그다지 높아지지 않았다고 말한다. 새로운 다이어트 바이블의 판매를 증진하려는 새로운 다이어트 철학은 외식산업체, 우리 뇌에 자리한 포만 중추, 그리고 진화가 이 책임을 져야 한다고 말한다. 어, 진화라……. 진화가 또 우리의 주의를 끌고 있으니 내가 한마디 하지 않으면 섭섭하겠지.

정말 진화 때문에 체중이 증가하는 것일까? 일단은 과거 어떤 요소가 지금 이 현상과 연관하여 책임을 져야 하는지 진화와 관련한 지식을 살펴보자. 과학적으로 흥미로우며 몸속 지방과의 싸움에서 이길 수 있는 중요한 단서를 제공하여 우리에게 도움이 되리라 확신한다.

수만 년 전 최초의 인류가 등장한 때까지, 즉 호모 에렉투스Homo erectus•와 하빌리스habilis••, 오스트랄로피테쿠스Australopithecus까지 거슬러 올라가며 모두 살펴보자. 우리 조상인 그들은 일상에서 소비되는 에너지양과 음식을 섭취해서 보충해야 하는 에너지양의 균형을 알았다. 또한 그들이 수렵과 채취로 견과류, 과일, 구근, 곤충 등 먹을 수 있는 온갖 것을 구했다는 증거가 그동안 학계의 발굴 작업을 통해 많이 밝혀졌다. 우리처럼 가까운 빵집이나 채소가게에서 먹을 것을 산 것이 아니라 열심히 몸을 움직여서 먹을 것을 구했다. 그들에게는 편히 쉴 수 있는 의자도 없었고, 자동차나 기차도 없었으며, 가상 여행을 가능하게 하는 인터넷도 없었다. 그래서 그들이 먹은 음식은 몸속에서 모두 연소하였다. 때로는 먹을 것을 충분히 구할 수가 없어 굶주림에 시달리기도 했다. 하지

• 직립원인, 직립 보행을 하고 불을 사용하였으며 전기 구석기 문화를 지니고 있었던 인류

•• 약 150만 년 전 플라이스토세에 살았던 인류로, 능력 있는 사람이라는 뜻

만 지금 우리가 존재하는 것을 보면, 우리 조상은 그러한 기근에 도 살아남아 번식했다는 것을 알 수 있다. 그 어려운 시기를 이겨낸 사람들은 저장 창고를 이용하는 효과적인 해결책을 알았던 것이다. 저장 창고란 우리가 흔히 생각하는 식료품 창고가 아니라 바로 지방의 형태로 에너지를 저장하는 자신의 몸이다. 우리 조상은 간혹 먹을 것을 필요한 양보다 많이 구했을 때 절대 그것을 허비하지 않았다. 화학적으로 그 효율성을 높여 신체 세포 사이에 지방의 형태로 저장했다.

진화는 우리 조상 할머니 · 할아버지가 여분의 에너지를 저장하기를 바랐고, 그 시스템을 유전하고자 복잡한 메커니즘이 발전했다. 강력한 에너지원인 당과 지방에 강한 열망을 느끼도록 한 것이다. 인간의 뇌는 이 메커니즘에 따라 당과 지방에 강하게 반응하도록 프로그래밍 되었다. 결과적으로 에너지를 비축할 기회를 놓치지 않는 것이다. 우리 조상은 많은 양의 당과 지방을 마주칠 기회가 잦지 않았다. 하지만 간혹 그런 일이 생기면 우리의 뇌는 그 에너지를 흡수해 지방의 형태로 저장하라는 신호를 보냈다. "오, 저기에 지방이 있군! 저걸 놓칠 순 없지. 자주 오는 기회가 아니잖아." 오늘날 우리가 아이스크림 가게에 들어가는 것도 같은 이유일 것이다. "당! 지방! 얼른 먹어야지!" 이 행위 자체에서도 에너지를 소모한다. 아이스크림 가게로 걸어 들어가 지갑을 꺼내서

열고 아이스크림을 받아서 먹어야 하니까. 아이튠즈iTunes에서 아이폰 애플리케이션을 받듯이 아이스위츠iSweets에서 아이스크림을 쉽게 받을 수는 없을까?

우리 몸은 위가 받아들인 음식물의 흐름을 관장한다. 일단 음식을 섭취하면, 뇌의 시상하부Hypothalamus로 음식물이 충분히 들어왔다는 신호가 보내져 포만 중추를 자극한다. 그러면 포만 중추는 그 대답으로 포만감을 느끼게 해 음식을 먹는 행위를 멈추게 한다. 이런 시스템을 만든 것은 진화의 현명한 결정이라고 할 수 있다. 다만 그것을 현대인의 식생활에 맞추어 적응시키지 않은 것은 현명하다고 볼 수 없다. 포만 중추는 보통 음식을 먹기 시작한 지 30분에서 45분 후에 포만감을 알린다. 이는 우리 조상에게는 알맞은 시스템이었을 것이다. 조리라는 개념이 없어서 날고기나 딱딱한 견과류, 뿌리 식물 등을 오래 씹어 삼켜야 하는 식생활을 해서 식사 시간이 길었을 것이기 때문이다.

충분히 음식을 섭취한 그 순간 포만 중추의 신호를 받는 것이 가장 좋다. 하지만 오늘날 우리는 식사 시간이 15분을 넘는 경우가 거의 없고 다들 음식을 빠르게 씹어 넘긴다는 점을 생각하면, 우리 조상의 포만감 시스템이 그 역할을 제대로 하지 못하는 것이 당연하다. 다시 말해, 몸이 포만감 신호를 보내는 30분에서 45분 사이에 우리는 이미 과식한 상태라는 것이다. 자, 지방 대령이요!

소비 에너지양과 섭취 에너지양의 균형, 포만 중추의 기능에만 혼란이 생겼다고는 할 수 없다. 인류에게 미래를 대비한 시스템이 준비되지 않았기 때문이다. 이 말이 의미하는 바는 무엇일까? 이를 설명해주는 오래된 농담이 하나 있다. 한 남자가 주유소에 가서 휘발유 한 방울은 얼마냐고 물었다. "음, 공짜죠!" 주유소 주인이 이렇게 대답하자 남자는 신이 나서 말했다. "그러면 한 방울씩 내 탱크를 꽉 채워주세요!" 웃긴 이야기지만 웃을 수만은 없다. 우리 일상에서 거듭 적용되기 때문이다.

내 접시 위에 작은 케이크 한 조각이 놓여 있다고 치자. 나는 비만도가 꽤 높은 고로 스스로 케이크를 '멀리하자'라고 말해야만 한다. 하지만 나는 한마디씩 들어보면 완전히 옳다고 볼 수 있는 변명을 댄다. 접시 위의 케이크 한 조각 정도는 나를 뚱뚱하게 하지 않는다. 식도락으로 이 아름다운 작품을 하나 먹는다고 해도 내 몸에 별다른 일이 일어나지 않을 것이라는 말이다. 또 이것을 먹지 않는다고 해서 내가 날씬해지지도 않겠지. 결국 내 체중은 케이크 한 조각과 상관이 없고, 이는 긍정적이지도 부정적이지도 않다. 남자에게 휘발유 한 방울을 공짜로 준다고 해서 주유소가 망하지 않듯이, 케이크 한 조각은 적어도 내 체중에는 큰 영향을 미치지 않을 것이다. 내일 내 식탁에 올라올 햄버거와 모레 먹을 감자튀김 한 봉지에도 당연히 이와 똑같은 추론을 할 수 있다. 한 개씩 먹는다면 내 몸매에 부정적인 영향을 미치지 않을 거란 말이지. 빵 한 개 정도는 언제나 허락된다. 위의 농담에서, 우리는 당연히 남자의 탱크를 공짜 휘발유 한 방울씩으로 가득 채울 수 없다는 것 정도는 안다. 하지만 그 논리를 케이크에 적용해서 생각하기는 어렵다. 그래서 우리는 탱크가 가득 차 넘칠 때까지 한 방울씩 계속 채우다가 문득 과체중으로 그 값을 치러야 하는 것을 깨닫고 놀라곤 한다.

같은 이야기를 금연에도 적용할 수 있다. 담배 한 개비를 피운다고 해서 폐암이 유발되지는 않는다. 그렇지만 만약 담배 연기로 탱크를 가득 채운다면 무슨 일이 일어날까?

우리가 미래지향적으로 행동하는 능력을 타고났다면 다이어트는 훨씬 쉽겠지? 케이크 한 조각, 햄버거 한 개, 감자튀김 한 봉지에 일일이 책임을 물었을 것이다. 하지만 오래전 우리 조상은 그런 능력이 전혀 필요하지 않았으므로 진화가 그것을 발전시킬 이유가 없었다. 결국 우리는 스스로 다이어트 바이블이나 전문가와 함께 오랜 시간 동안 내재해온 동기와 싸워야 한다. 진화가 하지 않은 일을 웨이트와처스(Weight Watchers, 세계 최대 다이어트 관리 업체-옮긴이)가 대신한다.

내 이야기는 당신의 다이어트에 직접적인 도움을 주진 않는다. 오히려 이 책을 읽느라 몇 분 동안 게으르게 눕거나 앉아 있었을 테니 에너지의 균형이 흐트러졌을 것이다. 지금 당장 거울 앞에서자. 그리고 앞에서 섹시한 속옷을 입고 기분 나쁜 표정을 짓던 여성 옆에 서서 불룩 나온 뱃살과 옆으로 튀어나온 러브핸들을 바라보라. 미안하지만 이번에는 그녀의 살이 아니라 당신의 살을 말이다!

키가 클수록 행복할까?

라디오 방송국에서 걸려온 전화벨 소리에 잠에서 깼다. 프로그램 진행자가 미국에서 진행된 한 실험 결과의 유효성에 대해 인터뷰를 요청했다. "키가 큰 사람들이 더 행복한 삶을 산다는데, 정말 그런가요?" 내가 이제 막 잠에서 깬 것에는 전혀 신경 쓰지 않고 삼 분 안에 이 질문에 대해 쓸 만한 답변을 해달라는 것이다. 참 곤란한 상황이다. 미디어는 주로 이렇게 '네' 혹은 '아니요'라는 대답만 원한다. 그런 대답만으로 그들의 '흥미를 자극'하는 것은 어렵다. 그래서 우리는 종종 글로 쓰는 쪽을 택한다. 그것은 밤이라도 어렵지 않게 할 수 있는 일이다.

오늘의 명제는 '키가 큰 사람이 키가 작은 사람보다 자신의 삶을 더 낫고 행복하다고 평가한다'라는 것이다. 연구를 위해 18세

이상의 성인 45만 4,000명을 대상으로 전화 설문을 진행하여 키가 평균보다 큰 사람이 평균보다 작은 사람보다 즐겁고 기쁜 삶을 산다는 결론을 얻었다. 이런 결과는 큰 키가 더 높은 수입과 더 나은 교육을 함축한다는 것을 근거로 설명할 수 있다. 이 가정에 대해 옳다 그르다 말하기 전에 명심해두어야 할 점이 있다. 먼저 정밀하게 진행된 과학적 조사 결과를 무조건 부인하거나 말이 안 된다고 치부해서는 안 된다는 것이다. 위의 연구 결과는 이미 과거부터 알려진 내용이기도 하다. 키와 수입의 상관관계가 증명된 지 오래다. 수입이 높은 사람이 무직자보다 쉽게 행복해질 수 있다는 점과 비교해서 생각해보면 이해하기 쉬울 것이다. 물론 돈이 항상 행복을 불러오는 것도 아니며, 그것을 반박하는 최근의 연구도 있지만 말이다.

위 결과는 미묘한 차이를 내포하며, 진화가 반영된 결과다. 자, 이제 내가 나설 차례다.

앞서 진행된 여러 진화에 관한 연구에 따르면 키는 지배, 즉 지위와 관련이 있다. 키가 큰 사람들은 그렇지 않은 이들보다 빠르게 지배적 위치를 얻어낸다고 한다. 예외도 존재하겠지만, 조직의 대표자들 역시 키가 큰 사람이었다. 우리의 행동이 형성된 수십만 년 전 원시시대를 살펴보면 그 이유를 쉽게 이해할 수 있다. 평균적으로 키가 큰 사람들은 물리적 힘이 더 강하다. 그러니 과거에도 다른 구성원이나 경쟁자보다 지배적인 위치에 설 가능성이 더 컸다. 이는 조직 내에서 다른 이들보다 높은 위치를 차지할 가능성이 컸음을 의미한다. 우리 조상 할머니들도 체격을 매우 중요하게 보았다. 자신의 배우자이자 아이의 아버지를 선택할 때 힘을 기준으로 삼았기 때문이다. 다시 말해 아이를 더 잘 보호하고 양육하며, 더 많은 음식을 가져다줄 사람을 찾았는데, 그렇게 하는 데는 키가 작은 사람보다 힘이 센 키 큰 남자가 적합했을 것이다. 따라서 키가 큰 사람들은 더 쉽게 번식할 수 있었다. 그들은 또한 페이스북 없이도 친구 목록을 늘릴 수 있었다. 다들 지배자를 친구로 삼고 싶어 하지 적으로 두고 싶어 하지는 않기 때문이다. 그래서 키가 큰 사람은 키가 작은 사람보다 협동과 놀이를 제안받는 기회가 많았다. 사회 활동이 행복의 큰 부분을 차지하는 것을 고려할 때, 이런 기회를 많이 얻는 키 큰 사람들이 행복을 느낄 기회도 더 많았을 것이 분명하다. 또한 조직 내에서는 한 사람의 행복이 널리 퍼지며 전염된다는 연구 결과가 나오기도 했다.

진화를 거치는 동안에도 키와 지배 간의 뿌리 깊은 관계는 우리의 행동 양식에서 사라지지 않았고, 다른 요소들과 함께 지위를 결정하는 데 작용해왔다. 키는 오늘날에도 매우 중요한 생물학적 결정 요소이지만, 지위를 결정하는 단 하나의 요인이라고 생각하는 함정에 빠지지 말자. 니콜라 사르코지Nicolas Sarkozy[•]에게 사회성과 지성, 창의력이 없었다면, 그가 지금과 같은 높은 지위를(그리고 중요한 이야기는 아니지만 아름다운 부인도) 얻는 일은 일어나지 않았을 테니 말이다. 어쨌든 키의 영향은 계속될 것이다.

그런 한편, 키가 너무 커도 좋지 않다. 그런 경우 많은 사람에게 비정상으로 인식되어 친구와 지위, 행복이 보장되지 않을 것이기 때문이다.

"그럼 키가 큰 사람들이 수준 높은 교육을 누린다는 것도 사실인가요?" 라디오 프로그램 진행자가 물었다. 높은 지위에 있는 사람은 새로운 도전에 잘 대응하고 자신의 지위를 더욱 높여줄 자극을 찾는다. 그래서 항상 같은 자리에만 머무르는 패자loser보다 앞서 나아간다. 요즘에 지위를 상승하려고 찾는 첫 번째 수단이 바로 교육이다. 즉, 키가 큰 지배자 위치에 있는 사람들은 더 빨리 교육받기 시작하고, 이에 따라 좋은 결과를 가져올 동기를 더 먼저 접하게 된다는 상관관계를 찾아볼 수 있다.

지금까지 보편적인 사람과 남성의 예만 들어서 말했으므로 신빙성이 약하다고 느껴질 수도 있다. 그렇다면 여성은 어떨까? 여성에게도 같은 이론이 적용되지만 남성만큼 절대적이지는 않다.

• 프랑스의 정치가로 제23대 프랑스 대통령을 지냈다.

우리 조상 할머니들은 지배적인 남성을 찾았으나 그것이 자신의 지위를 상승시키려는 목적은 아니었다. 여성은 남성보다 사회적인 존재다. 그래서 남성과 달리 자신이 포함된 조직 자체의 지위 향상을 추구하지, 자기 개인의 지위 향상을 노리지는 않았다. 또 남성보다 친구를 빠르게 사귀기도 한다. 그러므로 여성들에게는 키가 덜 중요하다는 것을 알 수 있다. 이는 키의 차이가 여성에게는 남성보다 '행복'을 느끼는 정도에 영향을 덜 미친다고 문단 서두에서 말한 바와 일치한다.

위에서 언급한 전화 설문에서는 응답자들에게 자신의 삶의 질을 0에서 10까지 점수로 매기도록 요청했다. 여기서 10점은 자신이 생각하는 최고의 행복을 누리는 것을 의미한다. 그 결과 평균 신장보다 큰 남성들은 평균 6.55점, 작은 남성들은 6.41점이었다. 한편 여성은 평균 신장보다 큰 여성들이 6.64점, 작은 여성들이 6.55점이었다. 즉 여성에게는 키에서 기인한 행복도의 차이가 남성보다 작다고 볼 수 있다.

여기서 흥미로운 점은 여성의 점수가 남성보다 높다는 것이다. 여성의 낮은 평균점과 남성의 높은 평균점이 같다. 여성이 실제로 더 많이 행복하거나 자신의 행복을 실제보다 높게 생각하거나 둘 중의 하나일 것이다. 어떤 차이가 다른 점을 가져왔을까?

진화로만 모든 것을 설명하기 전에, 진화에 존재하는 미묘한 차이점을 알아두어야 한다고 말한 것을 기억하는가? 지금부터 알아보자.

첫째, 앞 문단에서 언급한 숫자들은 더 행복하고 덜 행복하고의 차이가 그다지 크지 않음을 의미한다. 과학적으로 보면 6.55와 6.41, 6.64와 6.55의 차이가 꽤나 흥미롭지만, 당신과 나는 그것을 못 느끼지 않는가? 물 온도가 24도와 25도일 때 그 차이를 느끼는가? 물리적으로는 차이가 분명히 있지만, 당신이 욕조 물에 손을 담그었을 때는 인식할 수 없는 차이다. 따라서 키가 큰 사람이 더 행복하다고 할지라도 그 점을 기정사실로 받아들일 필요는 없다.

둘째, 위의 결과는 평균이지 결코 절대적인 것이 아니다. 누구나 평균 수심이 50센티미터 밖에 안 되는 연못에서도 빠져 죽을 수 있다는 사실을 알 것이다. 지배자를 결정하는 요건들에서와 마찬가지로 키는 행복을 결정하는 수많은 요건 중 하나일 뿐이다. 우리 주변에는 행복한 키 작은 사람이나 행복하지 않은 키 큰 사람도 많지 않은가?

셋째, 행복에 관해 전화 설문을 한 다른 연구 결과, 날씨가 맑은 날에는 구름이 낀 날보다 응답자들이 답한 행복도가 높았다고 한다.

마지막으로 이번에는 다윈의 안경을 벗고 개인적 경험을 말해보자면, 행복이란 객관적인 기준이 아니라 자기가 정한 기준에 따라 판단하는 것이다. 누가 당신의 행복을 측정할 수 있을까? 행복한지 아닌지 판단하는 주체는 바로 자기 자신이다. 지금 행복도가 낮은가? 그렇다면 다른 기준을 적용하여 생각해보거나 자신보다 행복의 사다리 아래쪽에 있다고 생각하는 사람들과 비교해보라. 수많은 사람이 당신의 위에 있을 수 있지만 아래에도 있을 수 있다. 현기증으로 휘청거리지 않게 주의하며 아래도 한번 내려다보라. 큰 도움이 될 것이다.

저는 70% 동성애자 30% 이성애자입니다

"혹시 동성애자이신가요, 이성애자이신가요? 키가 크신가요, 작으신가요?" 어떤 연구를 위한 설문 조사에서 본 두 가지 질문이다. 원래는 이 두 질문이 이렇게 나란히 있지 않았지만, 이번 주제의 이야기를 시작하고자 여기서는 하나로 묶어보았다. 이 두 가지가 서로 다른 질문으로 보일지도 모른다. 첫 번째 질문은 '예' 또는 '아니오'로 대답이 정해져 있지만 두 번째 질문은 정도의 차이를 나타내므로 폭넓은 범위의 수많은 대답을 할 수 있기 때문이다. 이것은 사물을 매우 단순하게 보는 우리의 관점을 보여주는 좋은 예다. 우리는 모든 일을 성급하게 흑백논리로 판단한다. 가장 대표적인 예로 동성애에 대한 관점을 들 수 있다. 지금 독자들에게 첫 번째 질문의 대답을 요청하면, 과반수가 "나는 당연히 이성애자지."라고 강조해서 대답할 것이고 솔직하게 자신은 동성애자라고 인정할 사람은 소수에 불과할 것이다. 하지만 이런 추세는 아마 점점 바뀌어서 미래에는 "저는 70퍼센트는 이성애자이고 30퍼센트는 동성애자입니다."라고 대답할 세상이 올 것이다. 물론 그때도 정말로 키가 큰 사람이 키가 크다고 대답할 수 있는 것처럼 여전히 어떤 사람은 '진짜 이성애자'라는 사실을 강조하겠지만, 보통은 미묘한 차이를 표현하는 데 조금 더 주의를 기울일 것이다.

위의 내용은 개인적인 예상이나 억측이 아니다. 한 학회에서 미국의 심리학자가 성적 지향Sexual orientation에 대해 연구하여 발표한 데서 얻은 지식이기 때문이다. 그의 연구 내용에 따르면 인간의 성적 지향은 흑백으로 나눠지 않는다. '절대' 이성애자와 '절대' 동성애자라는 양극단과 그 사이에 연속되는 수많은 중간 상태로 나타낼 수 있다고 한다. 한마디로 작은 키에서 큰 키, 바보에서 영재, 가난함에서 부유함을 구분하는 데 연속되는 수많은 중간 상태가 있는 것과 같다.

이 심리학자는 인터넷에서 설문 조사를 하여 이러한 결과를 얻었다. 이 설문 조사는 개인의 성적 지향을 세세하게 다룬 질문들로 이뤄져 있다. 예를 들어, 동성과 성적 접촉을 하는 꿈을 얼마나 자주 꾸는지, 이성과 성적으로 접촉하고 싶다고 느낀 적이 있는지 등의 질문이 있다. 이 설문 조사에 직접 참여하고 싶다면, 즉 자신이 이성애자와 동성애자의 양극단 사이에서 어느 쪽으로 얼마나 치우치는지 궁금하다면 'http://mysexualorientation.com'에서 직접 확인할 수 있다(이 책이 인쇄되기 바로 전까지는 열려 있었다). 얘기만 들어도 흥미로운 설문 조사라 그런지 무려 1만 8,000명이 참여했고 그만큼 연구의 신뢰도도 높아졌다. 이 실험 결과는 성적 지향을 14단계로 나누어 일직선상에 표시한다. 왼쪽 끝의 0점은 '절대' 이성애자, 오른쪽 끝의 13점은 '절대' 동성애자다.

여기서 많은 사람이 아직도 흑백논리와 편견에 기초한 대답을 원할지 모른다. 대다수 사람이 이성애자임을 뜻하는 왼쪽의 0에 몰려 있고 오른쪽의 13에는 소수만이 자리하며 그 중간은 텅 비어 있는 결과 말이다. 하지만 현실은 그렇지 않다! 대부분 사람이 1점에 머물러 있을 뿐이고, 동성애 방향으로 갈수록 수가 줄어든다. 동성애자는 7점부터 시작해 11점과 12점 사이에 머무르는 경우가 대다수였다. 즉, 여기에서 양성애(Bisexual, 바이섹슈얼)의 존재를 발견하게 된다. 0이나 13의 절대치는 없다. 이 연구가 시사하는 바는 무엇일까? 대부분 사람이 양쪽이 혼합된 성적 지향을 지닌다는 것이다.

"동성애자인가요, 이성애자인가요?"

"음, 4 정도 됩니다. 아, 죄송합니다. 제 말은 성적 지향이 4라는 말입니다."

"아, 그렇군요. 저는 10이니까, 그쪽이랑 오늘 저녁 식사를 함께할 순 없겠네요."

위의 대화에서 볼 수 있듯이 실생활에서는 누군가가 자신을 이성애자라고 말하면서도 때로 동성애자처럼 행동하기도 하고, 또는 그 반대의 경우도 존재한다.

또 다른 흥미로운 결론은 여성이 수직선의 오른쪽에 치우치는 경향이 있다는 점이다. 다시 말해, 남성과 비교해 여성에게서 상대적으로 동성애적 성향이 더 많이 발견된다. 약 12개국에서 동일하게 나타난 결과이므로 특정 국가에서만 벌어지는 상황이 아니라는 것은 확실하다.

이러한 연구 결과를 나타내는 그래프가 심리학 교과서에도 실릴 날이 올까? 물론 그럴 것이다. 그런데 교과서에 실린다는 것은 단순한 사실 이상의 의미가 있다. 그 내용이 다음의 몇 가지 의미로 연결되기 때문이다.

첫째, 동성애를 병으로 치부하는 고릿적 사고방식을 지닌 이들이 있는데, 위 연구 결과와 결부해보면 그들은 인류 대다수가 병을 앓고 있으며 그중 일부는 좀 덜 아프고 다른 일부는 죽을 만큼 아프다는 점을 인식해야 한다. 물론 이건 난센스에 불과하다.

둘째, 이 연구는 우리가 인류의 특성에 대해서는 지금보다 훨씬 더 흑백논리를 조심해야 한다는 점을 일깨워준다. 키가 크지 않으면 작은 것이고, 뚱뚱하지 않으면 마른 것이고, 이성애자가 아니면 동성애자라고 단정 지을 수는 없지 않은가? 이렇듯 심리학적 특성 역시 키와 몸무게처럼 수직선상에 놓고 그 정도의 차이로 구분하는 것이 옳다. 예를 들면, 자폐 장애는 주로 남성에게서 점진적이지만 두드러지게 증가하므로 이를 남성의 특징이라고 말할 수도 있을 것이다. 하지만 이 문제로 남녀를 이분법으로 구분하는 것은 적절하지 않으며 흑백의 관점으로 바라봐서는 안 된다고 주장하는 사람들도 있다.

셋째, 동성애의 진화가 점차 좋은 인상을 심어주는 것으로 보인다. 내 진화론적 관점에 부합하는 이야기이기도 하다. 나는 이미 또 다른 저서 《다윈의 안경De bril van Darwin》(2009)에서 동성애는 인간의 성생활에 또 하나의 활력을 준다고 설명했다. 이는 인간과 보노보 침팬지Bonobo Chimpanzee의 조상이 같았던 시절, 성적 성향과 생식이 항상 연결되지는 않았다는 사실을 근거로 한다. 다만 생식이 없이는 번식도 할 수 없는데, 어떻게 동성애가 자연선택의 진화 과정에서 살아남았는지는 의문이다. 여하튼 그 과정을 통해 동성애 성향을 결정하는 유전자가 '불임'을 초래하지는 않는다는 것을 알 수 있다. 그저 수직선의 오른쪽에 자리하게 만들 뿐이다. 즉 그러한 사람들도 번식할 수 있었고, 이를 통해 동성애 유전자가 계속 전해지는 것이다. 하지만 이는 자연선택이 어떤 실용성 때문에 이 유전자를 남겨두었는지는 설명해주지 못한다. 다만 이 유전자가 이어질 수 있으며, 계속해서 유전되리라는 점만을 입증할 뿐이다.

이 설문 조사를 통해 당신의 조상이 이성애자에 가까웠다는 점이 분명해진다. 예상을 벗어나거나 놀라운 결과는 아니다. 다만 알아두어야 할 것은 이 설문 조사의 결과는 질문에 큰 영향을 받는다는 점이다. 즉, 질문에 따라 결과가 왼쪽에 가까운 또는 오른쪽에 가까운 점수로 바뀔 수 있다. 예컨대 동성과 성적 접촉을 하는 꿈을 꾼 적이 있느냐는 질문에 '예'라고 대답한다면, 그것을 끔찍한 악몽으로 여길지라도 점수는 오른쪽에 가까워진다. 그러므로 이 설문 조사 결과인 구체적인 점수에 구애받을 필요는 없다. 자신의 키가 상대적으로 큰지 작은지 자기 자신은 이미 알지 않는가? 그와 전혀 다를 바 없다. 그냥 마음 편하게 질문에 답해 나가면 된다. 설문 조사 결과 자신의 성적 지향이 중간 단계로 나오더라도, 괜히 죄 없는 개한테 화풀이하지는 말라. 대신 좋은 점만 쏙쏙 뽑아서 양쪽을 다 선택하는 것은 어떨까? 진화는 당신의 선택을 긍정적으로 보고 있으니 말이다.

가슴털 난 여자

한 남자가 가슴에 난 털을 면도한다. 여자는 입술 위쪽의 털을 뽑는다. 털을 전부 없애야 해! 겨드랑이털? 사라져! 배에 난 털은? 그것도 없애버려! 대체 우리가 자기 몸에 난 털을 이렇게 괴롭히는 이유는 무엇일까? 어째서 머리털 또는 우리가 거의 입 밖에 내지 않는 은밀한 그곳의 털을 제외하고는 다 없애버리려 하지?

거의 온몸이 털로 뒤덮인 여성이 등장하는 영화 〈휴먼 네이처 Human Nature〉(2001)를 다윈의 관점에서 보는 좌담회에 패널로 참여한 적이 있다. 좌담회를 마치고 이어진 질의응답 시간에 수많은 질문이 쏟아졌지만, 내가 예상한 질문 한 가지는 끝끝내 나오지 않았다. 대체 왜 우리 몸에는 털이 적고, 또 그나마 있는 털마저 전부 없애버리고 싶어 할까? 보아하니 우리에게는 제모가 너무나 당연한 일이라서 아무도 이 질문을 할 것 같지 않았다. 생물학자라면 한 번쯤 의문을 제기할 만하지만 그들에게는 그 답이 이미 분명할 테니 굳이 질문하지 않을 것이다. 그래서 나는 다시 펜을 들어 글을 쓰기로 했다. 곧 축하연이 이어졌다. 사람들이 대화하는 동안에 다른 짓을 하는 것이 예의에 어긋난다는 것은 알지만 나는 이미 글을 쓰기 시작했다. 그때 누군가가 다가와 내 어깨를 건드리고는 말했다. "실례합니다, 선생님. 그러니까, 그게 말이죠, 아까 질문을 할까 말까 했는데, 우리는 왜 털이 없길 바라고, 또 일부 있는 털마저 다 없애버리고 싶어 하는 겁니까?" 하, 누군가가 궁금해하긴 하는군!

인간은 지하에서 생활한다거나 또는 그럴 만한 확연한 이유 없이 몸이 털로 뒤덮이지 않은 단 한 종류의 포유동물이다. 그동안 많은 과학자가 고민해온 진화적인 문제이고, 여기에 대한 여러 가지 가설이 제시되었다. 그중 하나가 유독 흥미롭다.

우리 몸에 털이 없는 이유는 몸의 열을 식히기 위해서, 과거에 물속에서 살았기 때문에, 걸을 때 속도를 내기 위해서, 털 속에 숨어 피부에 달라붙어서 사는 기생충이 끼치는 해로운 영향으로부터 자기 몸을 지키기 위해서 등이라고 한다. 전부 그럴듯하게 들리지만, 반론도 존재한다. 그래서 그 어느 이유에도 딱히 '…해서 털이 없는 것이다'라고 단언할 만큼 신뢰가 가지는 않는다.

아마도 생물학 분야에서는 흔히 그러하듯이 여러 요소가 조합되어 일어난 현상이기에 그럴 것이다. 하지만 그중에 유독 다른 이유보다 두드러지고 언젠가 가장 중요한 요소로 인정할 만한 가설이 있다. 그 가설을 토대로 이야기를 나누어보자.

그 한 가지 요소는 바로 네오트니neoteny, 즉 유형성숙幼形成熟에 관한 것이다. 유형성숙이란 유아기의 특징이 성년까지 남아 있는 것을 뜻하는데, 동물 세계에서 많이 관찰된다. 그 한 가지 예로 성견이어도 놀기 좋아하는 개를 들 수 있다. 이러한 행동은 어린 시절 장난치던 모습을 유지하는 것이라고 볼 수 있다. 또는 유생기幼生期 몸의 형태를 유지하면서 성적으로만 성숙하여 생식 능력이 생기는 동물도 있다. 후자는 조기생식早期生殖이라고 불리는데 이 두 가지를 묶어 유형진화幼形進化라고 일컫는다.

인류 역시 네오트니의 특성이 있으며, 이것이 바로 우리의 진화에 큰 영향을 끼쳤다. 우리는 평생 유지되는 이 중요한 특성을 어린 유인원과 공유하는데, 바로 호기심이다. 일단 침팬지를 예로 들어보자. 어린 침팬지는 나이 많은 침팬지보다 새로운 것을 배우려는 노력을 많이 한다. 과거 언젠가 우리에게도 유년기의 특성이었을지 모를 호기심, 이 습성이 바로 인류의 문화 발전을 이끈 중요한 요소 중 하나로 여겨진다. 그뿐만 아니라 수십만 년 동안 과학 기술이 발전하는 데 원동력이 되기도 했다. 이런 유형성숙은 여러 곳에서 찾아볼 수 있는데 그중 하나가 털로 뒤덮이지 않고 드러난 몸이다. 어린 침팬지도 어른 침팬지에 비해 몸에 난 털이 적다.

앞에서 이야기한 인간의 지적 능력은 화석에 나타나는 도구의 복잡화로 확인할 수 있다. 하지만 털은 최근 경우를 제외하고는 화석으로 남지 않는다. 한마디로 우리 조상이 언제부터 몸에 털이 없어졌고 두 다리로 걸어 다니기 시작했는지 알 수 없다. 그러나 여기서 중요한 것은 시기가 아니라 그 현상이 일어났다는 사실 그 자체다.

적어도 여성의 몸이 털로 뒤덮이지 않게 된 것은 성선택sexual selection 과정에서 일어났을 가능성이 있다. 남성이 몸에 털이 적은 여성을 선호했고, 그런 선호가 여성의 몸에 털이 적게 나도록 진화를 밀어붙였다는 것이다. 뭐, 결국 털이 적다는 것은 젊음의 상징이 아닌가. 또한 여성은 어릴수록 폐경 전까지 번식할 수 있는 기간이 더 길다. 따라서 털이 적은 여성은 나이를 불문하고 상대적으로 번식 기회가 많았고, 결국 다음 세대에게 털이 적은 자신의 유전자를 물려줄 기회도 많아졌다. 반면에 남성에게는 이러한 메커니즘이 적용되지 않았다. 여성은 경험이 많고 높은 지위에 있는 남자를 배우자로 삼고 싶어 하여 굳이 어린 남성을 선호하지 않았기 때문이다. 그래서 유전은 남성의 몸에 털을 없애지 않았고, 그런 이유로 남성은 오늘날에도 여성보다 몸에 털이 많은 것이다.

하지만 머리에서는 털이 사라지지 않았다. 그 이유는 해를 바라보면 알 수 있다. 우리 조상은 직립보행을 한 탓에 머리가 뜨거운 햇볕을 가장 많이 받았다. 그래서 머리를 보호하려면 풍성한 털이 필요했다. 그렇다면 수염은? 수염은 남성호르몬인 테스토스테론testosterone이 많다는 것을 드러내는 훌륭한 요소였다. 테스토스테론이 적으면 조직 내에서 높은 지위에 오를 가능성이 낮으므로 배우자로서 적합하지 않고 수염도 덜 난다. 그런 한편, 테스토스테론이 너무 넘치는 것도 좋지만은 않다. 아빠가 되기에 적합하지 않을 수 있기 때문이다. 그래서 털이 너무 많은 남자는 보통 여성의 호감을 얻지 못한다.

따라서 여성이 많지도 않은 털을 더 없애고 싶어 하는 것은 이렇게 이해할 수 있다. 그들은 자신의 생물학적인 매력을 강조하려는 것이다. 그에 비해 요즘 점점 많은 남성이 여성의 호감을 얻고자 가슴털과 배에 난 털을 면도하는 것은 그 이유를 이해하기가 어렵다.

이에 대한 대답은 문화에서 찾을 수 있다. 순수하게 생물학적인 관점에서 볼 때 남자는 털을 제거할 이유가 없으니, 그저 일시적 유행일 것이다. 오늘날 남성이 가슴털을 제모하는 것은 한두 세대 전의 남성과 강한 대조를 이룬다. 이전 세대에서는 가슴털이 남자다움과 강함을 뽐내는 요소였으므로 오히려 남성은 가슴털이 덥수룩하길 원했다.

문화가 인간의 행동에 이렇게나 극단적인 변화를 일으킬 수 있는가? 가능하다. 광고가 바로 그 범인이다. 광고주들은 오랫동안 아름다움과 젊음을 동일시하는 인식을 전파해왔다. 생물학적으로 볼 때 이는 위의 예시와 마찬가지로 여성에게는 맞는 말일지 몰라도 남성에게는 그렇지 않다. 하지만 광고에서 아름다운 여성이 깔끔하게 면도한 남성 옆에 있는 모습을 반복해서 보다 보면 털이 없는 것을 어린 남성이 아닌 성공한 남성의 상징으로 인식하게 된다. 그래서 면도기와 면도용 크림이 불티나게 팔려나가는 것이다. 이렇듯 문화는 유행을 이끈다. 하지만 이 현상도 언젠가는 사라질 것이 분명하다. 그 언제인가에는 가슴털을 매끈하게 면도했던 남성의 손자들이 할아버지의 엉뚱한 행동에 박장대소하고, 반면에 손녀들은 여전히 할머니의 제모 기술을 배우려 할 것이다.

여성이 면도하는 데는 생물학적인 이유가 있고, 남성이 면도하는 데는 문화적인 이유가 있다. 당신은 여성이든 남성이든 계속 면도해도 괜찮다.

왜 부자보다 유명인에게 관대할까

1977년 배우이자 영화감독인 로만 폴란스키Roman Polanski가 미성년자인 만 열세 살 소녀를 강간한 혐의로 체포되었다. 미국 법무부는 계속해서 그를 기소하는 입장을 취했지만, 여론은 이를 반대하는 의견을 내놓았다. 폴란스키 감독은 지금까지 좋은 영화를 많이 만들었고, 또 이 사고는 아주 오래전에 일어난 일이니, 그를 풀어주라는 것이다! 하지만 만약 노만스키라는 평범한 남성이 같은 일을 저질렀다면? 마찬가지로 사건을 눈감아주려 할까? "강간은 강간이다."라고 주장한다면 이 남성은 법원에 출두해야 한다.

야니나 위크마이어Yanina Wickmayer와 자비에르 말리세Xavier Malisse라는 유명한 테니스 선수가 있다. 이 둘은 최상위 운동선수에 대한 약물 검사의 일종으로 자신의 위치를 도핑위원회에 알려야 한다는 웨얼어바웃Whereabouts이라는 규정을 어겼다. 말리세는 이미 전에도 규정을 어긴 적이 있었다. 결국 두 선수 모두 출전 정지 1년이라는 징계를 받았다. 그러자 신문들이 떠들썩해졌다. 어떻게 그 유명한 선수들에게 유죄 판결을 내릴 수 있지? 그러나 그렇게 규정을 어긴 사람이 평범한 이웃 얀과 야네커라면? 신문은 이때도 내 이웃이 무죄 방면되어야 하며 법이 너무 엄격하게 적용되어서는 안 된다고 말할까?

벨기에 축구팀 스탕다르리에주Royal Standard de Liège의 1군 선수 악셀 비첼Axel Witsel은 경기 중에 의도적으로 반칙 태클을 해 마르신 바실레프스키Pool Marcin Wasilewski의 다리를 부러뜨렸다. 이때 입은 부상으로 바실레프스키는 오랫동안 경기에 나갈 수 없었고, 심지어는 몇 달 동안이나 다시는 제대로 걷지 못할 것처럼 보였다. 비첼은 그 반칙으로 열 경기 출장 정지라는 징계를 받았다. 하지만 이후 그 가벼운 벌칙마저 경감되었다. 그런데 이 처분에 대한 "마지막까지 막을 수 없는 축구 제왕, 그를 필드에서 내보낼 수 없다."라는 기사를 신문에서 읽었다. 만약 어느 작은 도시의 축구팀에서 뛰는 무명 선수 얀이 같은 일을 저질렀다면? 그 역시 처벌을 받지 않고 넘어갈 수 있었을까?

벨기에 기업 렉티컬Recticel의 우두머리이자 벨기에 기업연합Federation of Enterprises in Bengium 회장을 역임한 루크 판스테인키스터

Luc Vansteenkiste의 이야기를 보자. 벨기에에서 가장 유명한 사업가이던 그는 포르티스 은행Bank Fortis이 분리되어 일부가 매각되기 직전에 내부 정보를 이용해서 이 은행의 주식을 거래한 내부 거래 혐의로 체포되었다. 결국 징역형을 선고받아 사기꾼들 사이에 끼게 되었다. 하지만 이에 대해서는 그 어디에서도 "너무 가혹한 처사다! 알게 된 정보를 좀 이용한 걸 가지고 제조업계의 제왕을 감옥에 집어넣다니!"라는 반응은 볼 수 없었다. 반면에 "허어, 결국 그 거물을 잡아넣었군! 속이 다 시원하네!"라는 식으로 통쾌해하는 분위기의 논평이 많았다. 관대함을 발휘하는 앞의 세 이야기와는 전혀 다른 결말이다.

이런 일들이 진화심리학, 행동생물학과 어떤 연관이 있을까? 답부터 하자면 아주 깊은 연관이 있다. 앞에서 이야기한 영화감독이나 운동선수가 대중에게 빠르게 면죄부를 얻고 돈 많은 사업가는 징역형을 선고받아도 동정표도 얻지 못하는 것은 결코 우연이 아니다. 모두 수십만 년 전부터 전해 내려온 조직 내 구성원 간의 지배 관계에서 비롯한 결과다. 그 배경을 살펴보자.

인간의 지배 행동은 거의 진화적으로 정해진 것으로 전 세계의 모든 문화권에서 찾아볼 수 있다. 우리는 지배 관계 속에서 서로 간에 서열을 매긴다. '저 사람은 내 위', '이 사람은 내 아래' 하는 식이다. 이런 상하의 지배 관계를 결정하는 기준은 매우 다양하다. 키, 재력, 외모, 지성, 지식, 정치적 능력, 문화적 성과 등 타인이 자신보다 나은지 못한지를 판단할 수 있는 모든 것을 포함한다. 우리 조상의 공동체에서는 이런 지배 체제가 조직의 질서를 유지하는 데 큰 영향을 미친 것이 분명하다. 이는 다른 여러 동물에서도 마찬가지다.

지혜, 지식, 경험을 모두 갖춘 사람은 조직에 공헌할 수 있었다. 모든 구성원이 그들의 능력 덕분에 이득을 얻었다. 또한 구성원 간에 갈등이 생겼을 때 지배자가 관여하면 쉽게 해결되었다. 즉, 갈등을 해결하는 자가 바로 타고난 지배자였고, 이를 통해 권력을 얻었다. 그 지배자의 행동은 사소한 것이라도 전부 구성원들에게 알려졌다.

오늘날에는 생활 방식이 훨씬 복잡해져서 이런 단순한 시스템이 더는 기능하지 못한다. 우리가 고작 수십 명 정도로 구성된 조직에 속해 살아가는 것이 아닐뿐더러 과거와 달리 다양한 지배 형태가 병립한다. 예컨대 지식과 지적 능력으로 높은 지위를 얻었다고 해서 정치, 운동, 예술 능력에서 지배적 위치를 얻는 것은 아니다. 과거부터 전해 내려온 '지배하는 자가 널리 알려진다'라는 원칙은 오늘날 '널리 알려진 자가 지배한다'라는 것으로 그 양상이 바뀌었다. 조직에 그다지 기여하지 못하는 사람도 대중매체를 통해 자신을 알린다면 높은 지위에 오를 수 있다. 외모가 매우 아름답거나 엄청난 범죄를 저지르거나 벌판에서 자전거 경주를 하다가 흙탕물 웅덩이에 빠진다거나 등등 그 방법은 매우 다양하다. 이상하게 들릴 수 있지만, 우리 조상의 생활을 들여다보면 이런 현상을 이해할 수 있다. 새로 조직에 속하게 된 사람도 누가 가장 높은 지위에 있는지 금방 알아챌 수 있었다. 바로 가장 많이 알려진 사람, 가장 구성원들의 입에 오르내리는 사람이기 때문이다. 하지만 이제 우리 사회에서는 이 원칙이 적용되지 않는다. 사이클 선수가 텔레비전에 여러 번 출연한다고 해서 지배자라고 볼 수는 없지 않은가?

오래전 과거에서 기원하는 또 다른 심리 현상으로 지배적인 사람들을 무턱대고 본보기로 삼는 것이 있다. 니콜라스 케이지는 어떤 화장수를 사용할까? 나도 그거 쓸래. U2의 보노가 아프리카 사람들을 위해 기금을 모은다고? 그럼 나도 참여할래. 우리 조상도 같았다. 지배자들은 널리 알려졌고 성공적인 삶을 살고 있으며 그들이 옳은 일을 했으므로 그와 같은 지위를 얻었다고 생각한 것이다. 조직 내에서 더 많은 기회를 얻으려면 지배적인 사람의 행동을 모방하는 것이 유리했다. 좋을 것이 없어도 나쁠 일도 없을 테니 한번 따라 해보자는 것이었다.

폴란스키, 위크마이어, 말리세, 비첼, 그리고 그 밖의 또 다른 유명인들은 우리에게 빵과 오락(대중의 의식을 다른 데로 돌리고자 정부

등이 제공하는 고식적인 수단-옮긴이)을 내려주는 능력이 있을 뿐만 아니라 대중매체에 노출됨으로써 지배적 지위를 얻었다. 우리는 그들을 흠모하고, 본보기로 삼는다. 그들은 무엇을 먹을까? 휴가는 어디로 떠날까? 지도자는 옳은 행동을 하지. 좋지는 않을지 몰라도 나쁜 행동을 할 리가 없어. 그러니 그들이 무슨 일을 해도 우리는 용서해야 해.

그럼 대기업 회장은? 그가 누구를 강간한 것도 아니고 다리를 부러뜨린 것도 아닌데 우리는 왜 그에게 냉정할까? 그는 경제를 돌아가게 하고 사람들에게 일자리를 주었지만, 그의 회사에서 일하는 사람이 아닌 한 우리는 그런 것을 직접 보지 못한다. 그는 우리에게 영화나 운동경기를 보여주지 않는다. 우리를 즐겁게 해주지 않은 것이다! 단지 부유할 뿐 우리의 눈에 보이지 않는 방법으로 지배적 위치에 올랐다. 우리는 결국 그가 어떻게 부자가 되었는지 모른다. 한편 비첼의 돈이라면 이야기가 다르다. 우리는 그가 공을 어떻게 차는가를(그래요, 그래요, 다리가 아닌 공 말입니다) 보며 감탄한다. 그러니 그는 돈을 벌 만하다. 판스테인키스터도 돈이 많지만 그 점은 사람들에게 질투를 불러일으킨다. 어째서 저 사람은 부자이고 나는 아닌 거지? 그래서 우리는 남몰래 그의 추락을 즐거워한다.

우리는 매일 미디어를 통해 영화감독, 운동선수, 기업가 들을 본다. 그래서인지 마치 그들이 우리 거실에 함께 앉아 있거나 개인적으로 아는 것처럼 친근하게 느껴진다. 그렇게 해주는 매체인 신문, 텔레비전, 인터넷은 우리 조상의 시대에는 절대 상상할 수 없던 존재다. 우리 조상에게 '본다'는 것은 눈앞에 실제로 존재하여 만질 수 있다는 것을 의미했다. 당신은 폴란스키와 함께 모닥불 주변에 둘러앉아 이야기를 나누었다. 텔레비전 앞에 앉아 있는 우리 뇌는 그렇게 믿는다. 그래서 우리가 텔레비전에 나오는 사람들에게 감정을 이입한 과도한 반응을 보이는 것이다.

우리는 그중 누군가를 존경하는 반면 누군가의 실패를 고소하게 여기기도 한다. 그렇다, 매우 공정하지 못한 행동이다. 하지만 우리 뇌는 아직 현대 사회의 변화를 따라가지 못하고 있다.

예쁜 여자를 보는 남자들의 속마음

거리에 젊은 여성이 너무 많지 않은가? 내가 과장한다고 느껴지는가? 그렇다고 대답하든 아니라고 대답하든 둘 다 맞다. 모든 젊은 여성에게는 젊은 남성 못지않게 거리를 돌아다닐 권리가 있으니 말이다. 하지만 지금 내가 써 내려가려는 주제는 이 이야기와 맥락이 좀 다르다. 바로 실제보다 많은 수의 여성이 곳곳에서 우리 눈을 자극한다는 것이다. 사실 그렇다고 해서 문제 될 것은 없다. 그 여성들이 하나같이 매우 비현실적으로 아름답다는 점을 제외한다면 말이다. 그러면 우리가 지금 모두 귀신이나 환영을 보는 것일까? 당연히 아니다. 오늘날 거리는 신문, 잡지 또는 그 외 대중매체처럼 아름다운 여성을 앞세운 광고로 화려하게 장식되어 있다. 그래서 아름다운 모습을 보려고 멀리 나갈 필요가 없어졌다. 그렇다면 이것이 문제가 될까? 아니, 여기에 문제를 제기하는 사람이 있을까? 이번에도 '예'든 '아니오'든 어떤 대답을 해도 다 맞다. 선택할 수 있다면 보통 주변이 아름다워질 기회를 마다할 리 없을 것이다. 그러나 여기에는 우리가 인식하지 못하는 문제가 숨어 있다. 그 문제는 심각할 수도 있다. 이제 그에 관해 살펴보자.

믿기 어려울지 모르지만, 그렇게 주변에서 볼 수 있는 여성의 아름다움은 우리에게 그다지 좋은 영향을 미치지 않는다. 여성에게는 행복을 덜 느끼게 하고, 남성에게도 예상과 달리 부정적인 영향을 미친다. 먼저 여성에 관해 살펴보자.

그들과 동성인 광고 속의 여성들은 매우 아름답다. 그렇지 않다면 광고에 등장할 리 없다. 그 여성들은 하나같이 비현실적인 아름다움을 갖추었다. 사진 기술자가 여러 가지 컴퓨터 기술을 이용하여 원래 아름다운 그녀들을 더욱 세련되게 꾸며준다. 광고 모델은 타고난 젊음, 아름다움, 우아함, 섹시함 등으로 선택되는데, 그 본연의 모습을 컴퓨터의 소프트웨어가 여성의 미적 요소를 모두 포함한 비현실적인 미모로 탈바꿈시키는 것이다. 심지어 클라우디어 쉬퍼Claudia Schiffer● 가 사진 속의 자신을 알아보지 못할 정도다. 이로써 현실에 실재하는 여성들은 존재하지 않는 경쟁자

● 독일 출신의 세계적인 모델.

와 겨루게 되었다. 보통 여성은 모든 것을 갖춘 미모의 높은 기준에 절대 이를 수 없다. 화장과 옷차림으로 아무리 꾸며도 경쟁자를 비현실적인 미모로 만들어 주는 소프트웨어에는 대적하기 어렵다. 이런 사실을 인정할 여성은 물론 없을 것이다. 하지만 이 경쟁은 눈에 보이지 않는 영향력을 미쳐 여성을 우울하게 한다. 여성이 행복을 느낄 이상적인 환경은 아니다.

우리는 그 이유를 지난 수십만 년 동안 우리 조상이 지금보다 훨씬 작은 조직에서 살아왔다는 사실에서 찾아야 한다. 그들은 한눈에 인원을 파악할 수 있는 수의 구성원과 함께 살았고, 그 중에 절반이 이성이었다. 지금과 비교해 여성이 배우자를 얻는 데 경쟁자의 수가 매우 적었다. 구성원이 150명이라고 가정해보자. 그렇다면 거리에 다니는 75명이 여성일 것이다. 그 가운데서 아이와 나이 많은 여성을 제외하면 경쟁자는 40명 정도다. 확률을 따지는 여성의 눈에는 또 그중 절반 정도는 자신보다 못생겨 보이므로 결국 경쟁자는 20명 정도가 된다. 그 정도 경쟁이면 해볼 만하지! 경쟁하다 보면 가끔은 지기도 하고 이기기도 했을 것이다. 반면에 오늘날에는 거리에 수천 명의 경쟁자가 북적이고, 그중 몇몇은 범접할 수 없을 만큼 아름다워서 도저히 그들과 경쟁에서 이길 수가 없다. 그래서 여성들은 스스로 못생겼다고 느끼게 되고, 자신을 사회에 불필요한 존재에 불과하며 패배자라고까지 생각하게 된다. 다행히 그런 감정이 심하지 않더라도 긍정적이지 않은 감정을 느끼기에 충분하다. 일부 여성은 이 문제에서 벗어나지 못하여 심하게 스트레스를 받은 나머지 열등감에 빠지고 거식증을 겪기도 한다.

그렇다면 이쯤에서 남성에 대한 이야기로 넘어가보자. 남성에게 광고 속 여성의 비현실적인 아름다움이 문제 될 일이 있겠는가? 다 갖출수록 좋다고 생각하지 않을까? 흔히 이렇게 생각할 것이다. 하지만 최근 남성이 여성의 비현실적인 아름다움에 부정적 반응을 보인다는 연구 결과가 발표되었다. 발표에 따르면 신문이나 잡지에서 엄청나게 예쁘거나 섹시한 여성을 본 남성은 자아상이 낮아진 것으로 나타났다. 이 말을 듣고 당신은 남성에게도 여성과 비슷한 이유로 이런 현상이 일어난다고 예상할지 모른다. 광고는 지나치게 아름다운 여성만 보여주는 것이 아니라 지나치게 잘생긴 남성도 보여주어 남성들의 경쟁 심리를 저하한다고 말이다. 하지만 사실은 그렇지 않다. 남성은 광고 속에 나오는 동성이 아니라 닿을 수 없는 이성에게 영향을 받는다. 배우자를 선택할 때는 여성이 특히 능동적이다. 자신이 선택한 한 남성에게 구애하라는 암시를 주고, 그로써 남성이 구애했을 때 능동적으로 여성을 정복했다고 느끼도록 한다. 아름다운 여성은 외모, 지위, 재산 등 자신에게 제공해줄 것이 많은 남성을 선택한다. 그러니 그보다 훨씬, 숨이 넘어갈 만큼 아름다운 여성은 그만큼 엄청나게 잘난 남성을 선택하리라고 예상할 수 있다. 바로 이것이 문제다. 자신이 그런 미남이라고 생각할 남성은 없을 것이며, 눈앞에 보이지는 않지만 있을 것으로 추측되는 그런 남성들과 맞서볼 생각도 하지 못한다. 결론적으로 자아상과 자존감이 낮아진다.

이러한 관점으로 실험을 진행할 수도 있다. 만약 광고 속의 비현실적으로 아름다운 여성이 보통의 남자와 함께 등장한다면 남성들은 그 모습을 보며 자신감이 높아질 것이다. "저 남자가 저렇게 아름다운 여성을 만날 수 있다면 나도 만날 수 있지."

오늘날 우리의 행동을 이해하기 위한 가장 적합하고 흥미로운 도구는 인류 행동의 진화 과정이다. 지금은 이유를 찾을 수 없는 행동의 근거를 인류의 오랜 과거에서는 찾을 수 있기 때문이다. 그것에 항상 주의를 기울이는 것이 좋다. 그것을 현재에 적용할 수도 있다. 예컨대, 원래도 아름다운 클라우디아 쉬퍼의 사진을 더욱 아름답게 수정하여 남성을 상대로 광고할 때는 그녀의 상대로 나처럼 평범한 남성의 사진을 수정 없이 사용하라고 말이다.

내 옆에 앉지 마!

기차는 항상 과학 연구가 이루어지는 실험실 같다. 일정에 따라 바삐 움직여야 하는 경우가 아니라면 기차는 빠른 이동 수단이라는 뛰어난 발명품이자 자가용보다 환경친화적이기까지 하다. 특히 행동심리학의 관점에서 보면 실험실이나 마찬가지다. 사람들이 항상 같은 자리에 앉는 덕에 그 경향을 관찰하기가 쉽고 재미있기 때문이다. 사람들 사이에는 대화나 싸움, 은근한 유혹 같은 상호작용이 이루어지는데, 때로는 그런 상호작용 없이 공간학proxemics의 법칙을 따르기도 한다. 이제부터 자세히 살펴보자.

1등석 칸은 2등석 칸보다 사람이 적고, 사람이 붐비는 시간이 아닐 때는 더욱 여유롭다. 그래서 무언가를 읽기에도 좋고 우리의 영역 행동을 관찰하기에도 좋은 곳이다. 나는 빈 기차 칸에 처음

들어갈 때마다 그 칸에 나 말고는 아무도 타지 않기를 바란다. 하지만 이 문제에서만큼은 행운의 여신은 내 편이 아닌지 언제나 사람들이 들어오고 만다. 공간학의 법칙대로 사람들은 나와 가장 먼 자리부터 앉기 시작한다. 나에게 안 좋은 냄새가 나서라기보다는 아는 사람이 아니라면 굳이 이미 앉아 있는 모르는 사람에게 가까이 가서 앉고 싶지 않은 것이다. 기차만큼은 아니어도 대기실에서도 같은 현상을 볼 수 있다. 우리는 보통 낯선 사람과는 거리를 둔다. 그러다 대기실이나 기차 칸에 자리가 몇 군데 남지 않았을 때나 불가피하게 모르는 사람과 가까이 앉을 뿐이다.

사람들은 이런 행동이 사생활과 관계가 있다고 생각할 테지만, 과학적으로 보자면 공간학과 관계가 있다. 공간학이란 주변에 사적인 공간을 두고 싶어 하는 인간의 선천적 특성에 관한 학문으로, 일종의 신체적 영역을 다룬다. 여기는 내 구역이니까 들어오지 말라는 것이다. 당신의 정원이나 집처럼 낯선 사람이 들어오는 것을 막는 실제적인 영역과 같은 의미는 아니지만, 서로 성격이 비슷하므로 비교해볼 수 있다. 즉, 신체는 개인적 영역의 중심이고 낯선 사람은 그 영역 밖에 있어야 한다는 것이다.

신체적 영역의 크기는 얼마나 될까? 공간학에 따르면 그 크기는 영역의 성격에 따라 다르다. 가장 흔히 볼 수 있는 것은 사회적 거리로 약 1~4미터의 간격이다. 길을 걸을 때, 경찰에게 길을 물어볼 때, 엘리베이터 안에 서 있을 때, 또는 기차나 대기실, 식당에서 자리를 찾을 때 존중되어야 하는 거리다. 이 거리가 무시당하면 사람들은 불편함과 불쾌함을 느끼고, 심하면 그 감정이 불안이나 분노로까지 발전한다. 그렇지만 아는 사람은 그보다 가까이 오는 것이 허용된다. 여기서 아는 사람이란 친구나 가족을 의미하는데, 그 사이에 존중되길 바라는 거리는 개인적 거리라고 불리며 0.5미터에서 1미터가 조금 넘는다. 신체 접촉이나 성적인 애무, 속삭임 같이 조금 더 신뢰가 필요한 행동이 이루어질 때는 개인적 거리가 0.5미터도 되지 않는 친밀한 거리로 좁혀진다. 서로 간의 거리를 친밀한 거리까지 확실히 좁히지 못한다면, 번식이 불가능하기도 하다. 이런 현상은 인간뿐만 아니라 체내 수정을 하는 모든 동물에게서 찾아볼 수 있다. 평소에는 '이만큼 떨어져!'라고 하다가 어느 날은 '오늘은 더 가까이 와도 돼'로, 나아가서는 '오늘은 내 안으로 들어와도 좋아' 하고 거리는 단계별로 점점 가까워진다. 이러한 존중되어야 할 거리의 연장선으로 그 간격을 더 넓힌 공적인 거리가 있다. 흔히 대중 앞에 서는 연설자들이 자신과 관중 사이에 유지되길 바라는 일정한 거리인데, 이는 특별한 경우로 생물학적인 요인보다는 문화적 요인에서 비롯한 것이다.

사람들로 북적이는 길을 걷다 보면 서로 거리를 두거나 거리를 두려고 노력하는 모습을 볼 수 있다. 반대편에서 다가오는 사람과의 접촉은 공격으로 인식되어 상대를 노려보거나 욕을 내뱉기도 한다. 개인적 거리는 물론 친밀한 거리조차 존중되지 않았기 때문이다. 한편 매우 뚱뚱한 사람은 사람들 틈바구니에서 부딪히지 않으며 걷는 데 어려움이 겪는다. 이는 체구가 커서라기보다 스스로 움직임을 제어하지 못하는 것과 더 큰 관련이 있다.

위와 같은 공간학의 법칙은 진화학적으로 보면 이해하기 쉽다. 낯선 사람은 나에게 세균을 옮길 수도, 좋지 않은 의도가 있을 수도, 내 물건을 훔칠 수도 있기 때문에 신뢰할 수 없다. 그래서 우리 조상은 낯선 사람에게 필요한 안전거리를 유지하며 행동했다. 그로써 질병에 전염되지 않고, 식량 · 도구 · 약과 같은 자기 물건을 빼앗기지 않으며, 결과적으로 더 오래 살고, 당신이나 나와 같은 더 많은 후손을 남길 가능성을 높였다. 이러한 시스템이 인류에게 각인되어 수십만 년이 지난 후에도 우리의 행동 양식으로 이어졌다.

어느 날 '나만의' 기차 칸에 혼자 앉아 가방에서 잡지를 꺼내 들고 한 시간 동안 독서에 빠져들려던 참이었다. 그때 한 여성이 기차 칸 안으로 들어왔고, 나는 더는 독서를 할 수가 없었다. 그녀가 공간학의 법칙대로 나와 멀리 떨어진 곳에 앉지 않고 바로 내 맞은편 자리를 선택했기 때문이다. 텅텅 빈 기차 안에서 말이다! 나는 혈관이 급격히 수축하고 심장이 쿵쾅거렸으며 마치 전기가 몸을 관통한 듯한 느낌이 들고 땀도 났다. 내 맞은편에 앉은 사람이 젊고 예쁜 아가씨였다면 아무 일 없는 듯 넘어갈 수도 있겠지만, 나와 비슷한 나이의 여성이다! 위험해!

공간학은 사람들이 어떤 개인적인 공간을 유지하고 싶어 하는가에 대해서 말하고, 행동생물학은 그 공간이 다른 사람 혹은 낯선 사람에게 존중되지 않았을 때 우리 행동에 대해 논한다. 누군가가 나의 개인적인 공간을 존중하지 않는다면, 우리는 불편함을 느끼고 약한 수준의 위협으로 받아들인다. 그러면 우리 몸에는 그에 대한 반응으로 위험을 피해 도망치거나 적대적인 상대를 공격하려고 할 때 나타나는 생리적 반응이 약하게 나타난다. 호르몬이 우리가 어떤 행동을 하도록 준비 태세에 돌입하기 때문이다. 온몸에 혈액이 돌기 시작하고, 근육이 긴장한다. 심장은 빠르게 고동치기 시작하고, 동공은 확장된다. 만약 길에서 누군가가 가까이 접근했을 때는 이런 투쟁 도주 반응(신체가 심각한 위협을 감지했을 때, 죽기를 각오하고 싸우거나 아니면 패배로부터 필사적으로 도주하려고 본능에 따라 준비 상태에 들어가는 반응-옮긴이)보다는 훨씬 약한 강도의 반응을 보일 것이다. 즉, 긴장했을 때 보이는 행동 중 별 의미 없는 작은 동작을 하며 괜히 딴청을 피우는 전위 행동이다. 머리를 긁적이거나 발목을 돌리거나 얼굴을 문지르는 등의 행동을 하며 스스로 긴장을 완화하는 것이다. 훈련된 행동 관찰자는 누군가가 자신의 개인적 영역을 존중하지 않았을 때 사람들이 느끼는 불편함을 알아챌 수 있다.

반대로 사람들은 자신이 타인의 개인적 영역을 침범하게 될 때도 불편함을 느낀다. 이때도 아까와 마찬가지로 몸에 약하게 긴장한 표시가 나타나고, 전위 행동을 하기도 한다. 예컨대 극장에 너무 늦게 들어가서 같은 줄에 앉은 이들의 무릎 앞으로 지나갈 때는 어쩔 수 없이 앉아 있는 사람의 무릎에 부딪히게 된다. 이때 사람들은 말로 사과할 뿐만 아니라 어깨를 둥글게 움츠리는 행동을 포함한 순종적인 태도를 보인다. "때리지 마세요. 일부러 당신의 영역을 침범한 건 아니에요." 카페에 가면 우리는 누군가가 이미 앉아 있는 테이블에는 앉지 않는다. 의자 여섯 개가 놓인 테이블에 한 사람만 앉아 있다고 할지라도 말이다. 사실 의자는 공동으로 사용하는 것이니 빈 의자에 앉아도 문제가 되지는 않는다. 하지만 테이블은 이미 점거되어 있지 않은가! 이미 그 자리에 앉아 있는 사람의 영역으로 지정되었으므로 우리는 그 사람의 영역을 존중하는 것이다. 만약 어쩔 수 없이 그 테이블에 침입해야 한다면, 우리는 '미안'하다는 말을 끊임없이 반복하며 전위 행동을 보인다.

기차에서 맞은편에 앉은 여성이 내 눈을 똑바로 바라보았다. 날 공격하려고 그러나? 심장이 뛰었다. "안녕하세요, 선생님. 제가 일전에 선생님 책을 읽은 적이 있는데요…….” 그녀의 공격이 시작되었다. 다행히도 막을 수 없는 장황한 말로만. 웹 사이트에 있는 프로필 사진 덕에 나를 알아보았다고 했다. 그녀는 공간학의 법칙을 무시하려는 의도가 아니었다. 나를 알아본 것으로 봐서 얼굴을 알고 있으니 그녀에게 나는 친분이 있는 사람이나 다름없다. 따라서 침입하려는 의사는 전혀 없이 가까이 다가왔을 것이다. 하지만 나에게는 그녀가 생소한 사람이므로 나의 투쟁 도주 반응이 시작된 것이다. 사진이나 텔레비전에서 누군가를 보면 마치 그 사람을 개인적으로 아는 듯한 기분이 드는 것은 인간에게 나타나는 또 하나의 재미난 행동 현상이라고 볼 수 있다. 하지만 지금 우리의 이야기와는 관계가 없으니 넘어가기로 한다.

다음번에 기차에 탈 때 정말 젊고 아름다운 여성의 맞은편에 앉는다면, 겁 없이 그녀를 바라보며 말을 걸어보아야겠다. “안녕하세요, 아가씨? 아가씨의 눈을 읽은 적이 있는데요…….” 이 정도는 허락되겠지.

도와줘!
내가 존재하지 않아!

때로는 내 전문 분야인 행동생물학이 아닌 인간 자체에 대한 글을 쓰고 싶다. 사람은 잘하는 것에 집중해야 한다지만, 나는 가끔 다른 분야에 기웃대는 기쁨을 나 자신에게 허락한다. 호텔 수영장의 일광욕 의자에 앉아서 휴가객들을 지켜보던 중 (내 분야가 아닌 다른 분야의 글을 서술하고 싶은) 기쁨에 대한 열망이 솟아오르며 손끝이 간질대기 시작했다. 휴가객 일부는 젊었고 일부는 나이가 지긋했다. 남성과 여성, 조용한 사람과 시끄러운 사람, 피부색이 창백한 사람과 그을려 빨개진 사람, 배가 조금 나온 사람과 많이 나온 사람. 모두 다 같은 사람이다. 머릿속에서 인간 자체에 대한 철학적인 사고가 시작되었다. '나'라는 존재에 대한 생각. 과연 나는 누구일까? 철학적인 문제이지만 인간의 신체와 뇌를 다루는 참을 수 없이 신 나는 생물학적 주제가 될 수도 있다.

내 신체는 같은 상태로 지속되지 않는다. 혈액을 생각해보자. 피는 계속해서 재생되고, 혈액세포는 계속해서 파괴와 생성을 반복하기 때문이다. 피부에도 같은 이야기가 적용된다. 피부 바깥쪽에 있는 세포가 죽어서 떨어져 나가며 (분당 1만 조각이나 떨어진다. 이것이 바로 집 먼지의 주범이다) 새로운 세포로 교체된다. 몇 주 후, 내 피부는 모두 진공청소기 안에 들어가게 된다. 허물을 벗은 것이다! 내 혈액과 피부는 일주일 전과 같지 않으며, 물론 한 달 전과도 같지 않다. 우리의 뼈는 몇 년 동안은 유지되지만 역시 안정적이라고 볼 수는 없다. 매년 열 개 중 한 개의 뼈 조직이 파괴되고 다른 조직으로 대체되어 몇 년이 지나고 나면 완전히 새로운 뼈를 갖게 된다. 그렇게 내 몸은 계속해서 새롭게 바뀐다.

하지만 이 이야기를 방해하는 자들이 있으니, 그중 하나가 바로 연골이다. 가끔은 이런 예외가 골치를 아프게 만들기도 한다. 무릎 연골이 고장 났다고? 아쉽게도 무릎 연골은 재생이 안 된다. 신경세포 또한 파괴와 재생 시나리오에서 제외된다. 따라서 우리 몸의 신경 시스템이 손상되면 위험해지며 회복도 지극히 제한적인 범위에서만 이루어진다. 하지만 최근 지금까지의 내 강의와 반대되는 연구 결과가 발표되었다. 뇌세포는 세포 분열을 할 수 있으며, 뇌의 여기저기를 재생할 수도 있다는 것이다. 그러나 이런 재생 역시 매우 제한적인 범위에서만 일어난다. 따라서 우리는 오랜 시간 동안 어제와 같은 뇌를 갖고 살아가게 된다. 요컨대, 내 인생의 가을을 거칠 때쯤이면 내 몸은 유년 시절과는 다른 몸이 되는 것이다. 태어난 직후, 유년기, 사춘기, 일과 사랑을 열심히 하는 청년기, 황혼기, 그때의 나와 지금의 나는 전혀 다르다. 오늘의, 태어난 직후의, 그리고 서른두 번째 생일의 나. 그 가운데 진정한 신체적 나는 누구일까?

당신은 '나'라는 존재가 물질에 얽매이지 않고 성격, 기질, 지식, 의식, 즉 뇌에 의해 형성된다고 말할 것이다. 이 의견은 고전 이론에 기초한다. 이 이론에 따르면 우리는 항상 같은 '나'로 존재한다. 이는 우리 뇌는 거의 변하지 않는다는 사실과 완벽하게 어우러지는 이론이다. 하지만 문제는 기질과 의식이 뇌세포만으로는 설명되지 않는다는 점이다. 작게 조각난 간도 간의 역할을 할 수 있고, 매우 적은 양의 혈액도 그 구성 성분을 다 갖추고 있지만, 뇌는 뇌 덩어리 그 자체만으로는 역할을 하지 못한다. 움직임을 관장하고 감정을 느끼게 하고 흥미를 유발하고 의식을 일깨우는 뇌의 역할은 뇌의 각 부분에 퍼져 있는 수백만 개의 뉴런이 극단적으로 복잡한 앙상블을 이룸으로써 가능해진다. 이 뉴런들은 복잡하게 얽힌 회로를 통해 서로 신호를 보내고, 더욱 많은 세포를 통해 그 신호를 확산하며, 그것을 다시 한 개의 세포에 모으기도 한다. 한쪽에서는 거기에 자극을 주기도 하고, 다른 쪽에서는 제동을 걸기도 한다.

이 모든 상호작용을 우리가 인식할 수는 없다. 다만 우리 몸이 시간에 따라 계속 변화한다는 것만은 분명히 알 뿐이다.

그러니 뇌에 기초한 변함없는 '나'에 대한 기존 이론은 맞지 않다. 두뇌 회로와 신경세포 간의 수많은 연결 고리는 환경의 영향을 받아 계속해서 변하기 때문이다. 크고 작은 무언가를 배울 때마다 새로운 연결 고리가 생긴다. 사는 동안 우리는 피타고라스의 정리뿐 아니라 빵 가격이 5센트 오른다는 사실 등등 셀 수 없이 많은 것을 배운다. 우리 뇌는 닥치는 대로 정보를 수신하는 안테나와 같은데, 기존의 회로뿐만 아니라 새로운 회로에서도 정보를 취합하느라 항상 바쁘다. 만약 우리 뇌가 책 수천 권을 소장한 도서관이라고 하면, 배우는 과정은 그중 한 책의 페이지에 메모하는 것과 같다. 세월이 흐를수록 메모의 양은 점점 늘어 새로운 책이 되고, 그렇게 도서관도 점점 커질 것이다. 따라서 우리 뇌의 대부분은 평생 변화가 없다고 하더라도 세포 간의 미세한 구조는 피부의 각질이 떨어져 나가는 것처럼 계속해서 변화한다.

모든 신경 회로는 우리가 의식, 성격, 기질 등으로 부르는, 한눈에 파악하기 어려운 전체를 만들어낸다. 누군가는 이것을 영혼이라 부르기도 한다. 이 수천 개의 회로가 계속해서 변화한다는 것은 전체의 변화, 곧 의식을 비롯한 모든 요소의 변화를 의미한다. 자, 지금까지 내용을 정리해보면 성격과 의식을 기초로 한 '나'라는 존재가 계속 변화한다는 것을 알 수 있다. 새로운 뉴런의 연결고리를 만들어내는 매일의 경험은 미시적 차원에서 나를 변화시킨다. 그 미시적인 변화들이 궁극적으로는 전체의 변화를 가져온다.

바다의 물방울이 모두 변하면 그 바다 역시 변할 것이다. 우리 뇌도 마찬가지다.

우리 뇌의 변화를 받아들이기가 어려운가? 많은 사람에게 어려울 것이다. 그러나 우리는 단지 인식하지 못할 뿐 이미 다양한 변화를 경험하고 있다. 성격과 의식의 변화는 누군가가 이야기해주지 않으면 알아채기 어렵다. 그러한 변화에 대해 생각해보자.

사람은 나이를 먹을수록 자신의 변화를 거시적인 관점에서 바라볼 수 있게 된다. 내 관심사는 35년 전의 그것과는 전혀 다르다. 다윈주의와 같은 몇몇 이론에 대한 관심은 오래전부터 변함없이 계속되고 있지만, 그 역시 현재에 맞추어 변화했다. 그 밖에도 전체적으로 관심사가 달라지거나 완전히 새로운 관심사가 생겼다. 내가 어렸을 때는 경제학에 대해서 함께 이야기하고 싶지 않았다. 지루하고 재미가 없었기 때문일 것이다. 하지만 오늘의 나는 경제학 서적의 매력에 내 에너지를 온통 빼앗길까 봐 되도록 경제학 관련 서적에서 멀어지려고 노력한다.

지금 내가 선호하는 색깔, 음식, 문화, 농담, 취미, 어울리는 사람, 휴가지 등은 과거의 내가 선호하던 것과는 다르다. 노년기에 접어든 후에도 활발하던 20~30대 시절의 정치적 · 종교적 믿음을 유지하는 사람이 몇 명이나 될까? 모두 과거의 기억이지만 추억은 여전히 존재한다. 다만 가치와 감정의 형태는 매년 달라진다. 즉, 추억은 과거의 성격이 남긴, 내용이 조금씩 달라지는 선물이다. 그러므로 우리 뇌에서 이를 관장하는 부분이 바뀌지 않는다는 것은 틀린 말이다.

결국 우리는 오늘날의 내가 수십 년 전의 '나'와 다른 존재라는 결론에 도달할 수 있다. 지금의 나는 어린 시절의 나와는 전혀 다른 사람이며 그저 이름이 같을 뿐이다.

만화 같은 이야기지만 우리를 과거로 보내줄 기계가 있다고 가정해보자. 그 기계를 타고 시간을 거슬러 젊은 시절의 나 자신을 만난다면 어떻게 될까? 나는 분명히 그때보다 조금 더 현명해진 '나'이지만, 그때의 나에게 내가 이미 여러 번 탈피를 거친 미래의 당신이라는 말을 할 수는 없다. 그가 나를 쳐다보며 자신의 아버지와 조금 닮았다고 할 수도 있기 때문이다. 돌아가신 아버지가 들으시면 기뻐하시겠지!

내가 그 청년과 잘 지낼 수 있을까? 그는 이 나이 든 남자를 어떻게 생각할까? 우리가 서로 동질성을 느낄 가능성이 매우 크긴 하지만, 결국은 서로 상대방을 그저 이름이 같은 사람으로 인식할 것이다. 그때는 지금의 내가 존재하지 않는 것이다! 과거에 존재한 '나 자신들'과 지금도 존재하는 '나'라니. 이런 식의 추론은 주의가 필요하다. 예를 들면 지금의 나에게 있는 학위와 경력을 주장할 수 없기 때문이다. 그것은 모두 다른 나 자신들의 것이 되니 말이다. 그렇다면 나는 모든 시험을 다시 치러야 한다. 지금의 부인과는 이제는 결혼한 사이가 아니며, 내가 아닌 다른 이가 지금의 아내가 아닌 다른 여성과 결혼한 상태다. 혼인 신고를 하러 다시 시청에 가야 한다. 나는 더는 아빠도, 할아버지도, 그 누구의 형제도 아니다. 결국 시험을 통과하고 사랑을 찾아 결혼하고 아이까지 가진 그의 공로에서 이득을 얻은 것이라고 볼 수 있다. 내 집도 내 것이 아니겠지? 그렇다면 나는 어째서 이름이 같은 이전의 나 자신에게서 모든 것을 물려받는 것일까? 한 번쯤 다른 이름을 가질 수도 있는 것 아닌가? 누군가는 그게 바로 윤회라고 말할 것이다. 각각의 '나'는 모두 바로 앞 과거에서 다시 태어난 것이기 때문이다.

꽤 흥미로운 이야기이지 않은가? 태어났을 때의 당신은 더는 존재하지 않는다는 것을 인식하자. 하지만 이제는 꿈에서 깰 시간이다. 마치 영화의 스포일러를 듣고 김이 샜을 때와 같은 기분이 될 수도 있다. 여기서 스포일러란 출생부터 시작해서 변함없이 우리 곁에 머무른 유전적 근거, 유전자일 것이다. 몇몇 변이를 제외하고 우리는 엄마와 아빠에게서 똑같은 유전자를 물려받는다. 유전자는 정보 체계 그 이상도, 이하도 아니고 그저 특정 환경에서 신체적 특성이나 행동이 어떻게 변화할 수 있는지를 알려줄 뿐이다.

그런가 하면 세포의 교체를 관장하고, 환경의 변화에 따른 뇌 기능 프로그램의 재설계를 지시하기도 한다. 또한 세포가 낡아서 더 쓰지 못하게 되면 2세를 통해 유전자 속의 정보를 지속, 전달하고 낡은 신체는 버려야 한다고 명령한다.

다시 한 번 이야기를 정리해보자. 우리의 겉모습을 이루는 신체는 계속해서 폐기된다. 그 중요성이 매우 짧게 인정되기 때문이다. 그에 반해 유전자는 오랫동안 그 가치를 지속하며 무의식적으로 다음 세대에 계속해서 정보를 전달하려는 궁극적인 목적이 있다. 우리 몸은 이 목적을 달성하기 위한 일종의 도구이자, 유전의 목적을 계속해서 선언하고 퍼뜨리는 메커니즘이다. 마치 책이라는 형태를 빌어 자신의 사상을 퍼뜨리는 것처럼 말이다. 책은 불에 타 없어질지언정 그 속의 사상은 사라지지 않는다. 리처드 도킨스Richard Dawkins는 자신의 역작인 《이기적 유전자The Selfish Gene》(1976)에서 이를 언급했다. 그는 신체를 우리 유전자가 타고 다니는 교통수단이라고 했다. 하지만 그의 의견은 많은 사람의 동의를 얻지 못했다. 그도 그럴 것이, 우리가 존재하고 일하고 사랑하고 종국에는 죽음을 맞이하는 이유가 결국 유전자 정보를 보존하기 위한 것이라는 점을 인정해야 했기 때문이다. 사람들에게는 찬물을 끼얹는 이야기였으리라. 앞서 말한 것과 같이 리처드 도킨스의 이론은 당시에 박수를 받지 못했지만, 결코 틀린 이야기가 아니었다. 적어도 뇌가 유전자를 전달하기 위한 일회용 도구일 뿐이라는 사실에 대해서는 말이다. 음, 재미있어야 할 이야기가 어째 너무 진지해진 것 같다.

이 얼마나 짜증 나는 이야기인가. 이런 철학적인 생각에 빠진 내가 한심하다. 나는 여전히 그늘에 앉아 있고, 이것은 아무런 도움도 되지 않는 일이다. 수영장 한편에서 이런 상상에 빠지는 것은 더더욱. 그저 앉아서 아가씨들이나, 아니 사람들이나 지켜보자. 조용히.

진화가 가르쳐준 남녀 번식 전략의 차이점

간혹 다윈은 당신의 자동차 계기판에 앉아 있다.

인간의 행동에 대한 강연을 마치고 집에 돌아갈 때는 이미 어두운 밤이었다. 빗방울이 똑똑 차창을 두드렸다. 이런 늦은 시간의 유일한 벗인 라디오에서 〈계기판 불빛에 비친 낙원Paradise by the Dashboard Light〉을 소개하는 목소리가 흘러나왔다. 갑자기 과거에 대한 향수에 사로잡혔다. 70년대에 큰 인기를 끈 노래가 아닌가? 아름다운 여성과 함께 나왔던 못생긴 녀석이 부르던 노래다. 이제 막 열일곱 살이 되었고 섹시한 옷을 입고 있었지(Barely seventeen and barely dressed). 나는 운전석에서 편하게 앉아 오래된 그 노래에 온몸을 맡겼다. 비가 그칠 때까지.

미트로프Meat Loaf의 날카로운 목소리가 내 귓가에 머물렀다. 이 캄캄한 밤은 춥고 외롭지만, 나는 계기판 불빛에서 낙원을 볼 수 있어(Though it's cold and lonely in the deep dark night, I can see paradise by the dashboard light). 낙원만 아니라면 내 차와 같겠다는 생각이 지나갈 무렵, 엘렌 폴리Ellen Foley의 날카로운 단어가 그의 성욕을 막아섰다. 지금 당장 알아야겠어! 우리가 더 진도를 나가기 전에 말이야! 나 사랑하니? 날 평생 사랑할 거야? 내가 필요해?(I gotta know right now! Before we go any further! Do you love me? Will you love me forever? Do you need me?) 이 불쌍한 청년은 이런 질문은 예상하지 못했다! 평생 사랑할 거냐고? 고작 열일곱 살인 그, 그저 그녀를 흥분시키고(to make her motor run) 싶었을 뿐이다. 나는 앞좌석에서 서로 얽혀 있는 그들을 상상할 수 있었다. 벌겋게 상기된 피부, 여기저기 떨어진 옷가지들, 흥분해 거칠게 내쉬는 숨소리……. 그리고 갑자기 그녀가 말한다. 영원(Forever)을 맹세해달라고. 그는 흥분을 참아야(hold)만 한다. 그녀의 궁금증이 가득한 눈에 비친 그의 멍한 모습이 선하다. 지금?

하룻밤만 생각할 시간을 줘(Let me sleep on it). 자기야(Baby), 자기야, 하룻밤만 생각할 시간을 달래도. 하룻밤만 시간을 준다면 내일 아침 대답해줄게(And I'll give you my answer in the morning). 바로 그때, 커다란 트럭 소리가 나를 차도 위로 불러냈다. 라디오에서 나오는 노래에 취해 운전하는 것은 좋지 않다. 그런데 이 늦은 시간에 저 트럭은 뭘 하는 거지? 어쨌든(Anyhow) 엘렌 폴리는 아직 이 성관계에 동의하지 않았고, 바로 지금(right now) 영원한 사랑에 대한 맹세를 듣고 싶어 한다. 그의 씨앗이 돌이킬 수 없는 결과를 불러일으키기 전에 말이다. 날 평생 사랑할 거냐는 그녀의 질문과 내일 아침 대답해줄게라는 그의 말. 그 둘은 한참 동안 승강이를 벌인다. 하지만 그는 이 승강이를 더는 버틸 수가 없었고(couldn't take it any longer), 결국 포기해버렸다. 영원한 사랑을 맹세할게(I swore that I would love you to the end of time)! 불쌍한 사람 같으니라고……. 이제 그는 그녀와 자기 삶의 마지막을 함께할 수 있게 해 달라고 기도한다(praying for the end of time, so I can end my time with you)!

내가 몇 분 동안을 이 노래에 집중한 데는 이유가 있다. 라디오에서 흘러나온 이 노래가 향수를 불러일으킬 뿐만 아니라 내가 오늘 강의에서 말하고자 한 내용을 정확하게 설명하기 때문이다. 바로 지금 이 이야기를 시작하는 이유다.

미트로프와 폴리의 듀엣은 진화가 남성과 여성에게 가르쳐준 번식 전략의 차이점을 명확하게 묘사한다. 우리를 그들의 후손으로 만든 조상 할아버지와 할머니의 번식 전략은 서로 달랐다. 이 책을 읽어나가는 당신에게 찬물을 끼얹는 말일 수도 있지만, 이번에는 진화가 그 어떤 영향도 미치지 않았다. 단지 생식세포의 크기와 숫자만이 영향을 미쳤을 뿐이다. 그렇다면 어디 한번 들여다보자.

남성의 몸에서는 계속해서 수많은 정자가 만들어진다. 수십 년 동안 한 번 사정할 때마다 정자 수억 마리가 분출되고, 바로 다음 출발주자들이 생성되어 대기한다. 남성이 나이가 들어도 정자는 계속해서 생성된다. 하지만 여성은 이와 매우 다르다. 고작 한 달에 난자 한 개가 생성될 뿐이다. 그것도 폐경이 올 때까지만. 많은 여성이 인생을 통틀어 난자를 수백 개만 생성하고 배출할 수 있다.

남성과 여성의 이러한 차이는 복권과 비교할 수 있다. 남성은 배당금이 적은 복권을 가졌고 여성은 배당금이 높은 복권을 가진 것이다. 한 남성이 여성을 임신시켜 태어난 아이가 살아남기 어렵다거나 너무 약하고 아프다고 가정해보자. 이 결과 그가 잃은 것은 무엇일까? 금방 보충되는 조금의 정액과 노력 정도다. 그렇지만 남성은 그 어느 것에도 크게 개의치 않으니, 실질적으로 아무런 잃은 것 없이 바로 다음 임신을 시도할 수 있다. 이와 달리 상대 여성은 난자가 결함 있는 유전자를 지닌 정액과 수정된 그 순간부터 몇 년 동안은 번식할 수 없다. 9개월의 임신 기간부터 시작해서 출산 후에는 아이를 돌봐야 하기 때문이다. 우유병과 같이 양육을 돕고 단축할 수 있는 도구가 없던 시절이었으니 지금보다 양육 기간이 상당했으리라는 점을 염두에 두자. 이 기간에 여성은 수정할 수 없으며, 그 결과 우리 조상이 될 기회를 잃는다. 다시 말하면,

여성의 난자는 기회비용이 매우 비싼 것이다. 인류가 진화하는 동안 여성은 자신의 난자에 비싼 가격을 매겨왔다. 바꿔 말하자면 여성은 매우 까다로웠고, 정자가 좋은 유전자를 지니고 있을지 나쁜 유전자를 지니고 있을지 먼저 확인하고 싶어 했다고 할 수 있다. 좋은 정자인지 아닌지는 남성의 몇 가지 요소로 파악할 수 있었다. 건강한가? 잘생겼는가? 힘이 센가? 똑똑한가? 그런 남성이라면 그런 특성이 있는 아이를 낳을 확률이 높아진다. 많은 여성이 빠른 성관계를 원하지 않는 이유를 여기서 찾아볼 수 있을 것이다. 인간뿐만 아니라 다른 동물의 암컷에게도 비슷한 특징이 나타난다. 즉, 동물의 짝짓기 기간이 긴 것은 암컷이 수컷의 가치를 살펴야 하기 때문으로 보인다.

그뿐만이 아니다. 인간은 우리가 '아기'라고 부르는 너무 이른 시기에 태어나는 특성이 있다. 이는 우리의 큰 대뇌, 즉 큰 머리뼈 때문이다. 출산이 조금 더 쉽도록 다른 수많은 포유동물보다 빨리 태어나는 것이다. 따라서 우리는 이른 시기에 연약하게 태어난 아이들을 돌봐야 한다. 이때 엄마는 배우자의 도움을 비롯한 여러 도움을 받을 수 있었고, 그러한 도움이 있을 때 아이의 생존율은 높아졌다. 또한 아이가 성장하는 동안에도 그 도움이 필요했는데, 아이를 위험에서 보호하고 돌보며 교육하는 등 지원을 쏟아야 하기 때문이다.

수십만 년 전에는 경찰이나 병원, 학교 같은 것이 존재하지 않았다. 이런 모든 이유에서 우리 조상 할머니들은 상대가 자신에게 영원히 도움을 줄 수 있다는 확신이 들 때 비싼 난자를 팔고 싶어 했다. 여기서 영원이란 말 그대로 영원함을 의미하는 것이 아니라 아마도 아이가 충분히 살아남을 수 있을 때까지의 기간을 말할 것이다. 즉, 여성이 찾는 상대는 분명히 하룻밤만의 상대가 아니다. 여담이지만 우리 조상 할머니들도 하룻밤 상대에 대해 잘 알았고, 여기서 이득을 얻기도 했다. 그러나 이는 지금 하려는 이야기와 관련이 없으므로 이 정도에서 넘어가기로 하자.

우리 조상 할아버지들도 아이의 엄마와 장기적으로 관계를 맺음으로써 자기 아이의 생존과 교육이 보장되는 등 여러 이점을 얻었다. 그런 한편 가끔 영원한 관계 이외의 관계에서 소비되는 정자는 보너스였다. 아이에게 시간과 에너지를 투자하지 않고도 자신이 임신시킨 여성을 통해 누군가의 조상이 될 수 있었기 때문이다. 하룻밤만 생각할 시간을 달라고 애원하던 그의 말은 그저 넘쳐나는 자신의 정자를 처리하려는 전략일 뿐이다. 그리고 날 평생 사랑할 거냐고 묻는 그녀의 질문은 그녀의 비싼 난자와 아이를 양육하고자 그녀가 투자해야 하는 시간이 하는 질문이나 마찬가지다.

많은 사람이 다윈의 분석은 냉정하다며 불쾌해하기도 한다. 하지만 진화는 인간에게만 예외를 두지 않는다. 계기판 불빛 이야기 역시 대부분 동물에게서 찾아볼 수 있다. 인간만이 진화 과정에서 특별한 변화를 겪었다는 근거가 없는 것이다. 우리의 정자 · 난자는 다른 동물의 정자 · 난자와 차이가 없으며, 번식 행동의 배경에도 다를 것이 없다. 하지만 인간에게는 결혼 계약, 사랑, 연애편지 등과 같은 문화가 존재한다. 인간을 제외한 동물에게는 볼 수 없는 것들이다. 이는 여기서 말하려는 주제가 아니므로 넘어가자.

어느새 비가 그쳤다. 미트로프와 폴리는 이미 집에 간 지 오래고, 나도 집에 도착했다. 다른 운전자들을 비롯한 밤늦게 이 노래를 듣던 사람들도 낙원(paradise)에서 다윈을 찾아냈을까? 과연 이 노래가 빙하기 이전부터 계속된 인류의 행동을 다룬다는 것을 알까? 그렇다면 그 점에 대해 아마 무언가를 쓸지도 모르겠다. 나는 계기판 불빛을 껐다.

관찰 3단계

우리가 진화에 대해 오해하는 것들

당신의 기본 설정은 어떤 모습입니까?

애플Apple 컴퓨터가 '대체 언제 쓸 거야?' 하고 짜증 난 듯한 얼굴로 나를 쳐다본다. 인류의 기원에 대해 쓰려고 했는데, 도대체 어떻게 이야기를 시작해야 할지 모르겠다. 작가의 슬럼프(writer's block, 작가가 심리적 부담감 때문에 일시적으로 글을 쓸 수 없는 현상-옮긴이)가 내 손가락을 붙잡지만, 여전히 무언가 써 내려가고 싶은 마음이 굴뚝같다. 뭘 써야 하지? 나는 참을성 있게 기다려주는 내 컴퓨터의 화면을 바라보다가, 애플 컴퓨터에만 있는 프로그램들을 가지고 놀았다. 그중에서도 타임머신Time Machine이 마음에 든다. 애플 컴퓨터를 사용하지 않는 사람들을 위해 설명해보자면, 타임머신은 컴퓨터상에서 과거로 돌아갈 수 있게 해주는 프로그램이다. 모든 파일, 프로그램, 당신의 화면에 한 번이라도 띄웠던 사진을 다시 불러올 수 있다. 몇 시간 전, 며칠 전, 몇 주 전, 몇 달 전 등 시기는 선택하기 나름이다. 또한 애플은 미래 환경을 제공하기도 한다. 우리는 이를 통해 우주의 행성 사이를 돌아다닌다. 어찌나 멋진지, 손에서 하던 일을 잠시 내려놓고 기분을 푸는 데 아주 그만이다. 슬럼프? 나 좀 놀게 놔둬라.

자, 인류에게 지나간 모든 상황을 불러올 수 있는 타임머신이 있다고 가정해보자. 몇 달이 아닌 수천 년에서 수십만 년 전까지 거슬러 올라가 보자. 애플과 비슷한 프로그램이 존재해 우리를 진화 이전으로 돌려보내 줄 수 있다면, 오십만 년 전의 우리는 어땠을까? 우리는 우리의 머리뼈가 어떻게 구성되었었는지, 그리고 그 밖의 사항에 대해서도 잘 안다. 이를 설명하는 화석이 그동안 충분히 발굴되었기 때문이다.

사진이라는 말이 생기기 전 과거 사람들의 사진을 찍는다면 어떤 모습일까? 공상과학소설에나 나올 법한 상황이지만, 잠시 그 모습을 상상해보는 것도 나쁘지 않다. 사실 우리에게도 타임머신이 있다. 애플의 프로그램을 말하는 것이 아니라 화석과 DNA, 즉 우리의 유전자가 바로 그 타임머신이다. 화석과 DNA의 데이터베이스는 우리의 과거에 대해 어마어마한 양의 정보를 제공하며, 오십만 년 전의 과거를 사진만큼이나 잘 보여준다. 그렇다면 이제부터 유전자를 자세히 살펴보자. 어디 보자, 과거의 우리는 일단 벌거벗고 있는데, 피부는 검고 팔다리가 길며 머리카락은 곱슬곱슬하다. 어떻게 저런 모습을 가지게 된 걸까?

덧붙여 말하자면, 앞의 '가슴털 난 여자' 챕터에서 우리는 인간의 몸에서 털이 점점 사라진 이유와 유형성숙에 관해 알아보았다. 비록 그 어떤 이유도 확실하게 설명해주지는 못했지만. 우리 몸에서 털이 없어진 이유 중 한 가지는 더위를 식히기 위함이었다. 이 이유를 한번 깊이 있게 살펴보자.

근대 인류학은 유전자 연구로 한층 정교해져서 우리의 진화를 재구성하기 시작했다. 예를 들면, 우리는 호랑이가 담배 피우던 그 시절 아프리카의 기후에 커다란 변화가 일어났다는 것을 알게 되었다. 기후가 건조해져 열대우림은 범위가 줄어들고 사바나는 확대되었다. 숲이 줄어든 탓에 음식과 물이 더는 충분하지 않았고, 그나마도 여기저기에 먼 간격으로 떨어져 있었다. 충분히 먹고 마시고 싶은 사람은 멀리까지 걸어야만 했다. 그런데 열대 지역인 아프리카에는 늘 불타는 듯 뜨거운 햇볕이 내리쬐었다. 인류에게는 새로운 문제가 생겼다. 뜨거운 햇볕에 노출되어 상승한 체온을 내리는 일이었다.

우리 뇌는 과열에 특히 민감해서 열을 내리는 것이 매우 큰 문제였다(고열이 우리의 생명에 매우 위험한 이유이기도 하다). 바로 여기에서 왜 우리 몸에 털이 없어졌는지 이유를 찾을 수 있다. 그 변화는 하루아침에, 마치 아침을 먹고 오전 9시에 출근한 후 겉옷을 벗어 옷걸이에 걸어두는 사이처럼 짧은 시간에 일어난 것이 아니라 수천 년에 걸친 긴 시간 동안 진화를 거쳐 아주 느리게 일어났다.

그 과정은 어떻게 진행되었을까? 오늘날 사람마다 머리카락의 숱이나 굵기가 다르듯이, 과거에도 사람들의 몸에 난 털은 제각각이었다. 보통 수준으로 털이 난 사람도, 보통보다 털이 많이 난 사람도, 털이 보통보다 덜 난 사람도 있었다. 자연선택은 털이 적게 난 사람을 더 좋아했다. 사람이라기보다는 유인원에 가까웠겠지만. 이들은 상대적으로 열을 빨리 식힐 수 있어서 뜨거운 햇볕에 요리되지 않고 먼 거리를 걸을 수 있었다. 그래서 자연선택은 인간의 몸에서 털을 없애기로 했다. 그 결과 우리는 오랜 시간에 걸쳐 체계적으로 털이 조금씩 없어졌고, 결국 침팬지가 '에계, 그 적은 털도 모피라고 부르는 거야?'라며 웃을 만큼 지금과 같이 적은 털만 가지게 된 것이다.

인간에게는 어째서 털이 문제가 된 것일까? 따뜻한 기후의 지역에서도 두터운 털을 유지하는 동물이 많은데, 어째서 우리 조상은 맨살에서 이점을 찾게 된 것일까? 그 비밀은 바로 땀샘에 있다. 인간에게는 피지샘Sebaceous glands, 이출분비선(Apocrine glands, 아포크린샘), 외분비선(Eccrine glands, 에크린샘)이라는 세 가지 땀샘이 있다. 피지샘과 아포크린샘은 모발에 연결되어 피하조직에 분포하고, 털이 난 곳마다 있어서 그 수가 엄청나게 많으며, 지방이 함유된 물질을 지니고 있다가 분비한다. 에크린샘은 털이 난 부분과는 상관없이 온몸에 분포하며, 우리가 땀이라고 부르는 액체 물질을 지니고 있다가 분비한다. 이것은 앞의 두 땀샘과 비교도 할 수 없는 이점이 있는데, 바로 월등하게 체온을 떨어뜨리는 기능이다. 에크린샘에서 분비되는 땀은 지방이 섞인 땀보다 훨씬 빨리 증발하면서 우리 몸의 열을 가져간다. 하지만 몸이 털로 뒤덮인 동물들은 이 메커니즘이 없다. 더위를 식히지 못해 힘들어하는 개를 본 적이 있는가? 개는 더우면 입을 벌리고 혀를 내민 채 학학거리며 열을 식힌다. 개의 몸에는 우리처럼 효율적인 땀샘이 없기 때문이다. 우리는 모피 코트는 벗어서 옷걸이에 걸고 대신에 땀샘으로 교체한 것이다. 우리는 이러한 변화가 약 160만 년 전 직립보행을 한 호모 에렉투스 시절에 일어났다는 것을 안다. 일부 학자는 이 호모 에렉투스의 아프리카계 인종을 호모 에르가스터Homo ergaster라고 부르기도 한다.

몸에 털이 없는 채로 거울 앞에 서면, 아무것으로도 가리지 않은 장밋빛 피부가 그대로 보일 것이다. 잠깐, 아까 타임머신의 사진 속 우리는 피부가 검었던 것 같은데? 그렇다. 그 이유 역시 설명할 수 있다. 인류의 몸에서 털이 사라지면서 체온 조절은 용이해졌지만, 한편으로 새로운 문제가 생겼다. 바로 재난에 가까울 정도로 계속해서 내리쬐는 태양의 자외선이다. 이 자외선은 피부의 DNA에 특히 치명적이고 세포의 성장을 지나치게 촉진해서 암으로까지 발전한다. 이것이 바로 당신이 일광욕을 하면 안 되는 이유 중 하나다(또한 이것이 바로 내가 멋진 남자가 되지 못하는 이유일지도). 어쨌든 털이 없어진 후의 인간은 다른 장벽으로 이 자외선의 영향을 차단해야만 했다. 그 새로운 장벽이 바로 피부 세포에서 만들어지는 '멜라닌melanin'이라는 검은 색소다. 이것이 일광욕하는 중에도 만들어질까? 그렇다. 멜라닌은 피부를 검게 만들어 당신의 피부가 위험에 빠졌다고 신호를 보낸다. 당신이 지키지 않으니 피부가 스스로 지키고자 하는 것이다.

호모 에렉투스는 멜라닌 색소의 도움을 받고자 태양 아래로 나갈 필요가 없었다. 자연선택이 그들의 피부가 어두운색을 유지하는 데 필요한 유전자를 부여했기 때문이다. 자연선택으로 인간의 몸에서 털이 점차 없어지는 동안 피부색도 점차 어두워졌다. 이 유전자가 있으면 자외선에 대항할 수 있는 어두운 피부로 태어났다. 또한 이 유전자는 과학적인 분석을 거친다면 모든 변화가 언제 일어났는지 알려주는 타임머신의 역할을 하기도 한다. 하지만 오늘의 공상에서 이 부분은 넘어가도록 하자. 이 검은 피부는 일광욕을 하든 안 하든 영구적이다. 그래서 과거의 사진 속에 피부가 검은 사람이 등장한 것이다.

그 사진 속 인류는 지금 우리보다 팔다리가 길다. 이는 당연히 쉽고 빠르게 걷기 위해서이기도 하지만, 열을 식히기 위한 것이기도 했다. 팔다리가 길수록 신체의 표면적이 그 부피와 비교해 더 넓어진다. 구의 면적과 부피를 계산하는 공식을 예로 들어 살펴보자. 면적과 부피는 각각 제곱과 세제곱으로 구하는데, 이로써 구가 커지면 그 표면적보다 부피가 커진다는 것을 알 수 있다. 이와 달리 팔다리가 짧거나 두껍지 않고 길쭉하면 표면적이 상대적으로 늘어나고, 그만큼 땀샘의 개수도 더 많아진다. 이는 더 효과적으로 체온을 낮추는 데 기여할 것이다. 반대로 이누이트처럼 추운 기후의 지방에 사는 사람들은 몸에 최대한 열을 품기 위해 팔다리가 짧다. 이번에는 이런 진화가 일어났다는 것을 확인하려고 따로 유전자를 살펴볼 필요는 없다. 이미 당신의 신체 구조를 정확하게 보여줄 화석이 충분히 발굴되었기 때문이다.

이제 곱슬머리에 대해 알아보자. 타임머신의 사진에서는 곱슬머리가 선명하게 보이지 않는다(화질 때문에 애플을 비난하는 게 아니라는 것은 모두 알겠지?). 우리 조상은 곱슬머리였을 확률이 매우 높지만, 머리카락은 화석으로 남지 않으므로 증명하기는 어렵다. 그러니 추측해보자. 우리의 몸에서 털이 전부 사라진 것은 아니다. 자연선택이 은밀한 곳과 겨드랑이(물론 이 부분들은 화학 물질을 조금 더 쉽게 퍼뜨리려는 이유도 있지만 그 이야기는 여기에서 다루지 않겠다)

를 비롯해 머리 위에도 털을 조금 남겨놓았기 때문이다. 머리 위에 털이 남은 것은 사람들이 대머리를 선호하지 않아서가 아니다. 뜨거운 햇볕을 피하는 데 매우 유용했기 때문이다. 적어도 400만 년 전부터 오스트랄로피테쿠스와 같은 더 오래된 우리 조상이 두 발로 직립보행을 하면서 머리 위가 직접 햇볕에 노출되었다는 것을 잊지 말자. 머리 윗부분은 바로 열에 약한 뇌가 자리하는 곳이다. 몸에서 털을 없앤 것은 분명히 체온을 조절하는 데는 더할 나위 없이 좋은 아이디어였지만, 머리 부분에는 문제가 된 것이 분명하다. 즉, 뇌를 감싸는 머리 위의 피부가 과열되지 않도록 보호할 필요가 있었다. 머리에 난 털은 원래는 피지샘과 아포크린샘의 위치만 지정했지만, 나중에는 마치 머리를 감싼 에어백처럼 태양 광선을 막아주는 역할을 했다. 이 점에서 볼 때 곱슬곱슬한 머리카락 사이에 더 많은 공기를 함유할 수 있는 곱슬머리가 더 효율적일 수 있다. 익히 들어왔듯이 진화는 더 능률적인 시스템을 선택하는 경향이 있다. 그래서 우리는 벌거벗은 검은 피부의 조상이 곱슬머리였을 것이라고 예상할 수 있다. 솔직히 백 퍼센트 확신할 수는 없지만.

내 컴퓨터는 타임머신 기능이 있을 뿐만 아니라 개인적인 취향에 따라 매우 다양하게 설정을 바꿀 수도 있다. 게다가 소프트웨어 제작자가 어찌나 친절한지 초기 설정으로 돌아갈 수 있는 옵

션도 있다. 기본 설정, 전문용어로는 디폴트default라고 불린다. 타임머신 기능으로 재미있는 상상을 하던 중에, 기본 설정 기능을 사용해서 진화가 가져온 모든 변화를 뒤로 돌려버리면 어떨까 하는 생각이 들었다. 그래서 디폴트 버튼을 눌렀더니, 어디 보자, 아까 보았던 먼 과거의 사진이 나타났다. 인류의 초기 설정은 검은 피부였다. 가만, 이 검은 피부는 현재 아프리카에서 흔히 볼 수 있는 피부색이 아닌가? 이 말은 즉, 수단이나 에티오피아, 아니면 가나 같은 나라의 흑인이 인류의 초기 설정이라는 의미일까? 그렇다. 초기의 인류는 피부가 검은색이었다. 흥미롭긴 하지만 검은 피부는 열등하고 흰 피부가 우월하다고 말하는 인종차별주의자들에게는 이 사실이 문제가 될 수도 있다. 과거에 인류의 초기 설정은 검은 피부였다는 것을 받아들이는 게 그들에게는 매우 어려운 일일 것이기 때문이다. 이후 진화를 거치면서 우리 피부는 환경에 따라 그 색을 달리했지만, 이는 지금 나누는 이야기와는 다른 주제다. 어쨌든 이것은 다윈의 논리가 몇몇 사람에게는 짜증이 나는 이유일 것이다.

이 정도 놀았으면 충분하다. 그럼 지금부터 새로운 이야기를 시작해보는 건 어떨까? 예컨대 어째서 인간에게 흰 피부색과 직모라는 특성이 나타났을까? 한번 생각해보자.

내가 무엇을 좋아하는지 내 유전자는 알고 있다

"선생님, 안녕하세요? 지난번에 사람의 초기 설정에 대해 쓰신 글은 잘 읽었습니다. 우리를 컴퓨터의 초기 설정에 비유하셨더라고요. 이런 얘긴 실례되지만 무례한 비유 아닌가요? 우리는 당연히 컴퓨터보다 나은 존재잖아요. 선생님도 그렇게 생각하지 않으세요? 사과를 바라는 건 아니지만, 그래도 기분이 좋지만은 않네요." 빈 기차 칸에서 내 맞은편에 앉은 여성이 나를 알아보고 이렇게 말했다. 그 말을 듣고 평소와 다름없이 '은유'나 '농담'이라는 것을 빌려 퉁명스럽게 받아치고 싶었지만, 일단은 얼굴에 미소를 띠고 친절한 어조로 '문자 그대로 이해하지는 마십시오'라는 식으로 넘어가기로 했다. 그녀는 나와 비슷한 연배로 보였고, 얼굴에 자리한 주름살에서 삶의 초가을을 보내고 있음을 알 수 있었다.

이 연령 대의 사람들에게는 친절하게 대해 주는 것이 예의니까.

"음, 그게 말입니다……." 내가 입을 열자 그녀가 바로 내 말을 끊었다. 역시 여자들이란. "선생님은 초기의 인간은 다 검은 피부였다고 말하고 나서, '지금의 백인은 왜 생겨났을까' 하는 질문으로 글을 끝마치셨죠. 거기에 대해 후속편을 쓰실 건가요? 좀 궁금해서 그런데……. 후속편에는 어떤 내용을 담으실지 궁금해요. 그리고 언제쯤 쓰실 건가요? 또……." 기차 차창 밖으로 빠르게 지나가는 풍경처럼 그녀의 말이 빠르게 쏟아졌다. 기차가 여러 번 역에서 멈추는 동안에도 그녀는 질문을 멈추지 않았다. 여성의 끊임없는 혼잣말이란. 그녀의 말은 유수와 같이 계속되었고, 나는 어느 순간 그녀가 내가 썼던 글들을 꽤 정확하게 기억해서 말한다는 것을 알아챘다.

중간중간 '뭐라고 했더라……' 하고 잠시 생각을 더듬는 듯하다가도, 다시 나의 환원주의적 시각과 항상 성관계와 관련하여 설명하는 것(이는 곧 그녀가 나의 다른 이야기들도 읽었다는 뜻이다!)에 대해 말다툼하려고 했으며, 내가 글을 쓴 내용으로 도리어 나를 가르치려 하기도 했다. 우리가 앉아 있는 기차 칸에는 다행스럽게도 우리 말고는 다른 승객이 없었다. 그렇다면 그녀는 왜 굳이 수많은 빈 의자를 놔두고 내 맞은편에 앉았을까 하는 질문을 하게 된다. 그 이유를 알고 싶다면 '내 옆에 앉지 마!'를 읽어보길 바란다.

나는 그녀가 숨을 들이쉬는 틈을 놓치지 않고 말했다. "자, 흰 피부는 말입니다, 여기에는 아직도 확실치 않은 부분들이 있어요……." 그러자 그녀가 내 말을 잠시 끊었다. "네, 네, 계속하세요." "에, 그러니까, 우리는 다윈의 이론이 제대로 된 방향으로 가고 있다고 생각하기 시작했죠." 이때 그녀는 갑자기 우리가 탄 1등석 기차 칸처럼 톱 인터뷰 기자인 듯 돌변했다.

그녀 처음부터 시작해보죠. 선생님은 백만 년에서 이백만 년 전에 우리 몸에서 털이 없어졌다고 말씀하셨어요. 그러면서 뜨거운 햇볕으로부터 보호하려고 피부가 검어졌다는 말씀도 하셨죠. 멜라닌 색소가 생겨서요. 그렇죠? 그렇다면 우리 피부는 언제부터 하얗게 변한 건가요?

나 피부색을 볼 수 있는 화석은 없으니 거기에 대해 확실히 말씀드릴 수는 없습니다. 그렇지만 가장 가능성이 큰 대답이라고 하면 수만 년 전에 인류가 우리의 요람인 아프리카에서 다른 곳으로 이주했을 때라고 말할 수 있겠죠. 그들은 타는 듯한 햇볕을 피하고자 북쪽으로 이주했습니다. 호모 에렉투스도 그전에 이미 이주했지만 그들의 피부색이 어땠는지 우리는 알지 못합니다. 그러니 현생 인류에 대해서만 말해보죠. 최근 수만 년 동안 인류는 전 세계로 흩어졌습니다. 그 정확한 시기에 대해서는 아직도 토론을 계속하고 있습니다. 서로 다양한 과학적인 방법을 적용하기 때문입니다. 하지만 그 문제는 지금 우리가 하는 이야기와는 관련이 없습니다. 단지 인류가 햇볕이 덜 뜨거운 곳으로 갔다는 점 정도를 기억해둡시다.

그녀 그렇다면 피부를 보호하기 위한 멜라닌이 더는 필요 없어졌겠네요?

나 예전보다는 덜하죠. 하지만 색소로 피부를 자외선으로부터 보호하는 메커니즘의 형태는 계속해서 남아 있습니다. 해변에서 일부러 일광욕하는 사람들에게서 분명히 볼 수 있지요. 그러므로 '이제는 필요하지 않다'라는 것은 검은 피부가 자연선택에서 제외된 이유로는 충분하지 않습니다. 이를 설명하는 데 자주 이용되는 이론이 바로 제가 오랫동안 학생들에게 가르쳤던 내용인데요, 해가 덜 비치는 북쪽에서는 검은 피부가 문제가 될 수도 있다는 겁니다. 햇볕이 부족한데도 피부를 과하게 보호하기 때문이지요. 그 결과 비타민 D 생성에 어려움을 겪게 됩니다. '생명의'라는 의미의 라틴어 비타Vita와 질소함유복합체를 뜻하는 아민Amine의 합성어인 비타민의 정의처럼 비타민 D는 사람의 신체가 정상 기능을 하도록 돕는 요소입니다. 그래서 북쪽 지역에서는 진화가 태양 아래서의 방패를 치워 비타민 D를 충분히 생성할 수 있도록 흰 피부가 되게 해준 거죠. 이 이론은 사실 벨기에에 사는 흑인이 비타민 D

생성에 어려움을 겪는다는 발견과 연결됩니다.

그녀 아, 그렇군요. 설명해주셔서 감사해요. 그 내용으로도 새로 글을 쓰실 건가요?

나 아니, 제 이야기는 아직 끝나지 않았습니다. 사실 최근 이 이론은 지지받지 못하고 있거든요. 과학계에서 늘 일어나는 일입니다. 확실하다고 여겨지던 이론이 한순간에 흔들리기도 하죠. 바로 비타민에 대한 이 이론이 과장되었다는 사실이 드러난 것입니다. 검은 피부에서 기인한다고 생각한 문제가 생각만큼 크지는 않거든요. 그래서 그 추론으로는 백인종의 출현을 완벽하게 설명할 수 없으니 다시 우리의 오래된 다윈 이론으로 돌아가서 살펴봐야 합니다. 다윈이 후기의 저서에서 말했던 인종은 성적인 선택으로 나타났다는 주장을 살펴봅시다.

그녀 또 남녀의 성관계에 대한 이야기를 꺼낼 건가요? 좀 진지해진다 싶더니!

나 아니, 부인이 생각하시는 그런 게 아닙니다! 성선택sex selection은 자연선택론과 같은 진화의 한 메커니즘인데요, 그저 그 추진력이 다를 뿐이죠.

그녀 자연선택론은 저도 알아요. 모든 생물은 여러 면에서 서로 다른데, 그중 일부는 환경에 더 잘 적응해서 생존과 번식 가능성, 즉 자기의 우수한 유전자를 물려줄 가능성이 큰 거죠. 그렇게 전해진 유전자가 다음 세대로 계속 이어지면서 그 종이 점차 변화하고요. 맞죠?

나 (손뼉를 치며) 훌륭합니다! 하지만 제가 얘기하고자 하는 건 '종' 뿐만 아니라 '개체군'입니다. 한 개체군의 구성원에게 오랫동안 자연선택이 영향을 미쳤다면 이 무리의 개체는 전과 다르게 바뀔 수 있습니다. 자연선택의 추진력은 환경입니다. 수십만 년 동안 기온, 햇볕, 음식, 물, 기생충 등 환경의 모든 요소가 개체 또는 종을 특정 방향으로 변화시킨 거죠. 하지만 성선택은 다릅니다. 이성에 의해 변화의 방향을 결정하게 되죠. 결국 원칙적으로는 같지만 다른 관점으로 접근해야 할 차이가 분명합니다.

그녀 예를 들어주실 수 있나요? 아직 이해가 잘 안 돼서요.

나 음, 참새를 생각해보죠. 이 작은 새의 수컷은 암컷과 분명히 구별됩니다. 수컷은 머리와 목, 가슴에 까만 깃털이 있지만, 암컷은 그와 달리 특징적인 깃털 색이 없습니다. 또 수컷마다 검은색이 더 짙거나 연하고, 검은 부분의 면적이 더 크거나 작은 차이가 있습니다. 암컷 참새는 그중 까만 깃털이 더 많은 수컷을 자기 아이의 아빠로 선택하는 경향을 보입니다. 그런데 처음부터 쭉 그랬던 것은 아닙니다. 아주 오래전에는 참새, 그러니까 '참새목'과의 수컷에게 까만 깃털이 없었습니다. 그때는 암컷이 검은 깃털이 아닌, 지금의 우리는 모르는 다른 기준으로 배우자를 선택했죠. 물론 당시에도 보통보다 깃털 색깔이 짙거나 그 면적이 넓은 수컷도 있었을 겁니다. 까마귀처럼은 아니라도 우리가 흔히 볼 수 있는 다양성의 차이가 존재했겠죠. 그러던 중에 뜻밖의 일이 벌어졌습니다.

그녀 오, 흥미진진해지네요!

나 우연히 까만 깃털 색이 더 짙은 수컷 참새를 선호하는 암컷 참새가 나타난 겁니다. 그런 암컷은 짙은 색 깃털의 수컷에게만 반하고, 검지 않은 깃털의 수컷은 옆으로 제쳐놓았습니다. 깃털 색이 짙은 수컷의 유전자를 받은 새끼라면 당연히 다른 수컷의 자손보다 검은 깃털이 더 많았을 것입니다. 그렇지 않았다면 그 유전적 상관관계가 지금까지 이어질 이유가 없겠죠.

그녀 유전적 상관관계요? 지금 또 성관계에 대해 말하고 싶으신가요?

나 …… 제 말은, 즉 새끼 참새가 부모 양쪽의 형질을 다 받았다는 것을 뜻합니다. 아빠 쪽의 검은 깃털과 엄마 쪽의 검은 깃털을 선호하는 성향 말입니다. 이것은 미래에 활약할 그 두 가지 특성의 유전자를 연결해주므로 매우 중요했습니다. 수컷에게서는 까만 깃털의 유전자를, 암컷에게서는 까만 깃털을 선호하는 유전자를 말입니다. 뜬금없이 나타난 이런 암컷의 성향은 멀리 퍼졌습니다. 덕분에 검은 깃털을 가진 아들이 잔뜩 태어났고, 그런 수컷을 선호하는 딸이 늘어났습니다. 또 그 아들딸들이 번식해서 자신의 아들딸들에게 자신과 배우자 양쪽의 형질이 담긴 유전자를 전달하는 과정이 반복됩니다.

그녀 결과적으로 그런 성향을 보인 첫 세대 암컷의 형질이 퍼진다는 말씀인데, 대체 어느 정도까지 계속되는 거죠?

나 검은 깃털의 수컷을 선호하는 성향이 보편적이 될 때까지입니다. 그리고 암컷에게서 그와 반대되는 성향은 점점 사라지게 됩니다.

그녀 그렇군요. 하지만 아직 전체를 이해하지 못했어요. 검은 깃털의 수컷을 선호하지 않는 참새도 어쨌든 번식하지 않나요?

나 당연하죠. 하지만 여러 세대를 지나다 보면 검은 깃털을 선호하는 참새가 주가 되어버립니다. 특정 목적이 있는 유전자가 성공적으로 전달될 가능성이 더 크거든요. 여기서 특정 목적이란 수컷의 검은 깃털이겠죠. 이 유전자의 목적은 편애의 일종으로 보면 됩니다. 서로 찾게 하는 거예요. 검은 깃털에 대한 선호도나 검은 깃털이 없는 참새가 그 유전자를 전달한다는 목적 없이 임의로 번식하게 되는데, 장기적으로 봤을 때는 결국 그 대가를 치르게 됩니다. 바로 목적이 있는 유전자에 잠식되는 거죠.

그녀 아직도 완벽하게 따라가지 못하겠지만, 큰 틀은 이해가 되네요. 왜 성선택에 의한 것이라고 하는지도 이제야 알겠어요. 자연선택이 바로 배우자 선택 때문에 일어났다는 말씀이네요. 수컷을 검은 깃털 쪽으로 향하게 한 것이 기후나 음식 같은 환경적 요인이 아니라 바로 암컷이라는 거죠? 이제야 알겠어요. 지금껏 선생님을 성관계만 생각하는 호색한으로 치부해서 죄송해요. 어쨌든 결국은 해피엔딩으로 끝나는 재미난 이야기네요. 그런데 시작 부분은 아직도 좀 수긍하기가 어려워요. 왜 암컷 참새에게 뜬금없이 까만 깃털의 수컷을 선호하는 성향이 나타났을까요? 우연이라고 말씀하셨지만, 그렇게 보자면 수백 가지의 다른 선호가 생길 수도 있는 거잖아요. 초록색 깃털이나 붉은 발……, 그 밖에도 참 많은데…….

나 맞는 말씀입니다. 오랫동안 생물학이 밝혀내려고 노력한 부분이죠. 검은색 깃털과 초록색 깃털이나 붉은색 발 사이에 다른 점은 검은색이 수컷의 혈액 속에 있는 테스토스테론의 양을 의미한다는 겁니다. 테스토스테론은 인간을 제외한 동물에게 남성성을 발현시키는 웅성호르몬의 한 종류입니다. 이 호르몬이 많이 분비되는 수컷 참새일수록 지배력이 더 강할 것이고, 다른 수컷과의 경쟁에서 쉽게 이기겠죠. 그러면 더 많은 음식을 얻을 수 있고, 결국 다른 수컷에 비해 더 우수한 유전자를 전달하게 됩니다. 그러니까 여기에서 남들보다 까맣다는 것은 힘이 세고, 건강하며, 따라서 더 나은 아버지라는 점을 의미하는 증거입니다. 하지만 부인이 말씀하신 초록색 깃털은 좋은 유전자와 연결 고리가 없습니다. 적어도 참새는 그렇습니다. 그러니 초록색 깃털이 있다고 해도 다른 유전자의 참새와 경쟁해서 이길 확률은 낮다고 볼 수 있습니다.

그녀 이제야 큰 그림이 보여요. 그런데 우리가 처음에 이야기하고자 한 주제는 진화하는 동안 검은 피부색을 잃은 사람들에 대한 질문이었어요. 하지만 인류는 검은 깃털을 갖는 방향으로 변화한 참새와 달리 점점 피부색이 하얘졌는데, 대체 어떻게 된 거죠?

나 논리는 같습니다. 우리 조상이 살던 특정 장소에서 우연히 어떤 선호도가 생긴 것이죠. 다시 말해, 배우자를 선택하는 데서 (계속 반복해서 죄송하지만) 또 뜬금없이 멜라닌 색소가 적은 사람을 선호하는 성향이 나타난 겁니다. 여기서 가장 중요한 것은 이런 선호도가 유전적으로 정해졌다는 점입니다. 그렇지 않다면 패션이나 유행처럼 매년 선호도가 바뀌었겠지요. 그러니까 이 선호도는 유전자에 깊이 각인되었다고 보는 것이 옳습니다. 진화는 오랜 시간에 걸쳐 진행되므로 그럴 가능성이 크죠. 이에 따라 북반구에서는 세대를 거치면서 피부에 멜라닌 색소가 적은 남성을 선호하는 성향이 계속 이어졌습니다. 아프리카에서는 뜨겁게 내리쬐는 햇볕 때문에 이런 선호도가 생겨나거나 이어질 수 없었지만, 더 북쪽 지역에서는 그런 선호도가 생겨나고 지속되었지요. 물론 우연히 이런 선호가 생겨나지 않았을 가능성도 있습니다. 그렇다면 부인과 저 역시 검은 피부일 겁니다.

그녀 그러면 그것도 호르몬과 관련이 있나요?

나 (상상 속에서 모자를 벗어 가슴 앞에 대며) 제 과학적 양심이 같은 말을 반복하게 하네요. 그 질문에 대한 대답은 아직 밝혀지지 않았습니다. 사람들이 흰 피부의 사람을 선호할 때 장점이 있었을까요? 있다면 어떤 장점일까요? 예컨대 멜라닌 수치가 낮은 사람은 비타민 D를 더 많이 생성해 건강하다는 점을 들 수 있습니다. 하지만 앞서 말했듯이 이건 정말 작은 영향에 불과합니다. 그런데도 진화가 형질을 바꾸는 데 걸리는 그 오랜 시간 동안 조금이나마 그 이점을 누리기에는 충분했죠. 결국 북쪽 지역에서는 흰 피부가 건강함을 뜻하게 되었고, 특정 지역에서 흰 피부를 선호하는 성향이 퍼질 수 있었던 것입니다. 수천 년이 흐르는 동안 우리 조상의 피부는 서서히 하얗게 변해왔습니다. 하지만 흰 피부가 건강함을 뜻한다고 확신하려면 역시 증거가 필요합니다. 곧 그 증거를 찾을 수 있길 바라고 있습니다.

그녀 그러면 인종 간의 다른 차이에도 같은 이론을 적용할 수 있나요?

나 그렇습니다. 얼굴 모양, 머리카락의 색과 구조, 키 등의 차이에 같은 이론이 적용됩니다. 개체군 내에서 성선택이 강하게 작용한다면 신체의 모든 요소가 변화할 수 있습니다. 변화한 요소가 유전자나 건강과 연결될 때 그런 변화가 나타날 가능성은 더 커집니다.

백인은 왜 머리카락이 덜 곱슬곱슬한지, 동양인은 왜 머리카락이 검은색의 직모이고 눈꼬리가 약간 위로 올라가 있는지 등의 이유를 이 논리로 설명할 수 있죠.

그녀 그렇다면 여전히 인종의 구분이 존재하는 건가요? 사람은 본질에서는 결국 다 같다는 말씀이시죠?

나 인종의 구분은 존재합니다. 인정하지 않는 사람들도 있지만요. '인종' 간에 유전학적 차이는 크지 않지만, 인종을 구분하는 데 꼭 큰 차이가 있어야 하는 것은 아닙니다. 중요한 것은 당신이 인종을 어떻게 정의하느냐는 것입니다. 사실 겉모습과 유전적 차이점이라고 말하는 게 맞죠. 그런 차이는 당연히 존재합니다. 검고 하얀 피부색, 코의 모양, 곱슬머리 여부 같은 차이가 있고, 이는 유전자에 따라 결정되는 요소입니다. 하지만 이러한 유전적 차이는 백인종 집단이나 흑인종 집단 내에서 볼 수 있는 다양성에 비하면 매우 작은 차이입니다. 그래서 일부 사람들은 결국 인종의 차이란 없다고 말합니다. 어쨌든 인종을 구분하여 다른 동물 종인 것처럼 구별해서 차별하는 것은 의미가 없습니다. 여기서 다시 다윈의 시선으로 바라봅시다. 다윈은 모든 인간에게 성적 선택이 한 가지 형태로 적용되므로 결국 모든 인간은 평등하다고 말했죠. 그는 이 논리를 이용해 노예 제도에 반대했죠. 당연히 그의 말이 맞고요.

그녀 이 이야기를 다 글로 쓰실 건가요?

그리고 이 고상한 부인은 다시 끝없이 이어지는 이야기를 시작했다. 너무 오랫동안 내 얘기를 듣기만 해야 했으니. 내 글에 대한 이야기가 반복되고, 중간중간 그녀의 생각이 추가되고, 그녀의 가족 이야기도 튀어나왔다. 모든 가족의 이야기가! 그렇게 이야기하고, 또 이야기하고……. 결국 나는 한 정거장 앞서서 내렸다.

웃음의 진짜 정체

일요일, 교회에 간 에밀은 얇은 여름 치마를 입은 여성의 뒷자리에 앉았다. 잠시 후 그녀가 자리에서 일어났을 때, 치맛자락이 엉덩이 사이에 끼어 있었다. 그 모습을 본 에밀은 평소 다른 사람에게 도움을 주듯이 그녀의 치맛자락을 엉덩이 사이에서 빼주었다. 그 순간 여성이 홱 뒤돌아서서 말도 안 되는 짓을 한 소년의 뺨을 내리쳤다. 다음 주 일요일에 에밀은 또 여름 치마를 입은 그 여성의 뒤에 앉게 되었다. 그녀가 자리에서 일어났을 때, 지난주와 똑같이 그녀의 치마가 엉덩이 사이에 끼어 있었다. 하지만 에밀은 이번만큼은 치마를 그대로 그냥 두었다. 지난주의 경험에서 무언가 배운 것이다! 그때 에밀의 옆에 앉은 한 남자가 그녀의 치마에 생긴 문제를 발견하고, 이도 저도 못하는 그 치마를 자유의 몸이 되게 해주었다. 하지만 에밀은 그녀가 그렇게 해주길 원하지 않는다는 사실을 알기에, 치맛자락을 다시 그녀의 엉덩이 사이로 밀어 넣어 주었다. 그러자 얼굴에 핏기가 사라질 정도로 화가 난 여성이 뒤로 돌아서서 또다시 힘껏 에밀의 뺨을 때렸다.

이야기를 제대로 이해했다면, 이 장면에서 웃음을 터트려야 한다. 나는 시원하게 웃었다. 이런 농담은 익살스러워서 재미있을 뿐만 아니라 우리에게 이면의 문제를 제기하므로 아주 의미가 있다. 첫 번째 질문은 어째서 웃긴 농담이 있고 안 웃긴 농담이 있느냐다. 두 번째 질문은 조금 원론적인데, 우리가 왜 웃는가이다. 후자는 생각해볼 만한 흥미로운 문제이자 내가 자주 듣는 질문이기도 한다. 웃음이란 무엇인가? 우리는 왜 웃는가?

과학적으로 이야기하는 것을 좋아하는 사람에게 설명한다면, 웃음이란 입을 벌리고 입꼬리를 양쪽으로 올리고 특유의 소리를 내며 머리를 뒤로 젖히고 심지어는 발로 바닥을 구르는 등 열두 가지 동작으로 이루어진 복잡한 몸짓이라고 묘사할 수 있다. 웃음이라는 행동을 인식하는 데 꼭 이 모든 요소가 필요하지는 않다. 다만 그 요소가 많으면 많을수록 기쁜 정도가 더 크다는 것을 의미한다.

웃음은 자주 미소와 같은 선상에 놓여 거론된다. 미소가 웃음의 가벼운 형태라고 생각하기 때문이다. 하지만 이는 사실이 아니다. 비록 미소가 웃음에 포함될 수는 있지만, 두 행동은 사실 서로 큰 연관이 없다. 이런 혼란은 '미소'라는 단어가 소리 내지 않고 '웃음'이라는 의미인 데서 비롯할 것이다. 웃음과 미소의 차이를 이해하려면 두 행동이 어디서 기원하는지를 알아보는 것이 좋다. 이 두 행동은 우리 조상의 진화에서, 또 갓난아기에게서도 보인다. 먼저 조상들을 살펴보자.

웃음의 기원을 찾으려면 아주 오래전 원숭이까지 거슬러 올라가야 한다. 원숭이는 미소와 웃음의 기원이라고 할 수 있는 중요한 두 가지 표정을 짓는다. 첫 번째는 '이와 잇몸이 보이는 얼굴'이다. 말 그대로 입꼬리가 뒤로 당겨져 이와 잇몸이 보이는 표정이다. 진화를 거치면서 이 표정의 기능이 어떻게 변천해왔는가를 살펴보자. 진화가 한참 덜 된 초기 원숭이에게 이 표정은 불안의 신호였다. 그 단계에서 진화의 사다리를 조금 더 타고 올라와 보면 이 표정이 안심의 신호로 기능이 바뀐 것을 볼 수 있다. 지배적인 동물은 더는 공격을 두려워하지 않아도 된다고 알리고자 잇몸이 보이는 표정을 지었다. '너는 나보다 약해. 하지만 너에게 아무 짓도 하지 않을 거야' 다른 종의 동물에게는 이 표정이 '입맛 다시기'와 함께 나타나기도 하는데, 이로써 접촉하고 싶다는 의사를 표시한다. 이것이 우리 인류에게까지 전해져 미소라는 형태가 되었다. 미소는 상대에게 가능한 모든 공격성을 억제한다는 신호로 타인에게 친근함을 나타내는 기능을 한다. 이 내용에 대해서는 이 챕터가 아닌 '오직 인간만이 미소 짓는다'를 살펴보라.

원숭이에게 중요한 두 번째 표정은 '긴장을 풀고 입을 벌린' 표정이다. 입이 크게 벌어진 이 표정은 장난의 신호 중 하나다. 원숭이가 이런 표정을 짓는다면 무리의 다른 원숭이들에게 이제 자기가 하는 행동은 모두 장난으로 보면 된다고 알리는 것이다. '내가 지금 너를 한 대 칠 건데, 아무 뜻 없어. 그냥 장난이야!' 이런 의사 표시에서 인간의 웃음이 기원했고, 여기에 특유한 소리가 추가되는 것으로 변형되었다. 그런데 행동생물학에서는 이 웃음소리를 무리의 누군가가 공동의 적을 위협하는, 즉 비웃음의 신호라고 설명한다. 우리 조상에게 함께 웃는 것은 아마도 구성원 간의 유대감을 강하게 하려는 행동 양식이었을 것이다. 그것은 오늘날에도 마찬가지다. 즉, 누군가의 바보 같은 행동을 보면 다 함께 웃는다. 하지만 그 누군가는 웃는 사람들 틈에 끼어 함께 웃을 수 없어 소외되므로, 그 순간이 매우 짧을지라도 고통스러울 것이다. 웃음이 가져오는 단결 효과의 바탕에는 오늘날에도 웃음의 전염성이 자리하고 있다. 예컨대, 웃음이 터지는 데는 웃는 이유를 모르더라도 누군가가 웃는 모습을 보는 것만으로 충분하다. 그런데 여기서 우리가 기억해야 할 것은 웃음에 내포된 공격적 요소다. 만약 우리가 웃음의 감정적 가치를 평가해야 한다면, 많은 사람이 긍정적이고 사회적이라고 할 것이다. 하지만 그 근원은 공격적인 행동이다. 이 점은 비웃음에서 찾아볼 수 있다. 예를 들어 비웃음을 당하는 것보다는 차라리 뺨을 한 대 맞는 것이 낫다고 여기는 사람들도 있다.

요약해보면, 웃음과 미소는 그 근원이 다를 뿐만 아니라 기능도 다르다. 미소는 공격성에 제동을 거는 기능을 하여 인사할 때 좋은 수단이 된다. 반면에 웃음은 장난을 치려는 데서 비롯했지만 한편으로 공격적 요소를 포함하므로 인사하는 수단으로는 적합하지 않을 것이다. 미소와 웃음의 역사를 살펴보자면 말이다.

갓난아기의 행동 발달에서 미소와 웃음의 기원을 찾아보는 것도 흥미롭다. 개체 발생은 한 개인이 출생 이후 겪는 변화를 가리키는 전문용어다. 아기도 웃을까? 아기는 우는 것을 가장 잘한다. 눈앞의 사물도 제대로 분간하지 못할 때부터 우렁차게 울어댄다. 그러면 문제가 해결되니까. 웃음은 태어난 지 네다섯 달 후에야 아기의 행동 양식에 나타난다. 이를 토대로 아기가 슬픔을 먼저 느끼고 그다음에 기쁨을 느낀다고 추론할 수도 있겠지만, 꼭 그렇지만은 않다. 이제 이 말이 지겨울지 모르지만 아기의 웃음은 당신이 생각하는 것과는 다르다. 아기의 웃음은 사실 눈물과 큰 차이가 없기 때문이다! 어디 보자, 아기는 아프거나 놀랐을 때, 또는 불편함을 느낄 때 운다. 울음과 반대되는 표시는 비둘기 울음

소리와 비슷한데, 아기가 기쁜 감정을 느꼈을 때 들을 수 있다. 이제 우리가 찾으려는 것의 실마리가 보이기 시작한다. 아기가 공포와 기쁨이 합쳐진 경험을 하면 울음과 비둘기 울음소리와 비슷한 소리가 섞여서 나온다. 그게 바로 우리가 웃음이라고 부르는 것이다. 때로 엄마가 아기를 높이 던져 올렸다가 받는 동작을 반복하며 놀아주는데, 이는 아기에게 불안과 기쁨을 함께 느끼는 경험이다. 그러나 아기는 바닥에 떨어지지 않으리라는 것을 경험으로 알기에 웃음으로 반응한다. 이 또한 아기의 웃음과 울음이 비슷한 데 대한 설명이라고 볼 수 있다. 어른이 웃으면서 우는 것 역시 같은 이유일 것이다.

어린이에게 웃음은 '안전한 공포'의 경험을 의미한다. '무섭긴 하지만 화가 나지는 않아' 어린 시절 놀이공원에 갔던 때를 떠올려 보자. 당시 놀이공원에서 탔던 기구들은 때로는 고문처럼 느껴져 불안에 떨게 하지만, 결국에는 그 모든 두려움이 아무 일 없이 지나갈 것이라는 확신이 있었다. 우리는 흥분해서 소리를 지르게 된다. 즐거움과 불안의 신체적 반응이 혼합되어 웃음을 터뜨리게 된다. 그렇다면 여기서 한 발 나아가 앞 문장의 '신체적'이라는 단어를 '상상 속'으로 바꾸어 이제부터 상상 속으로 들어가 보자. 위기를 느끼지만 나쁜 일은 결국 벌어지지 않으리라는 것을 알면 우리는 웃음을 터뜨릴 것이다. 당신은 그렇지 않다고 생각하는가? 나는 당신도 그러리라고 확신한다. 공포스럽고 나쁜 일은 일어나지 않을 것이라는 인식의 상상 속 조합이 바로 우리가 농담이라고 부르는 것이기 때문이다.

농담은 항상 불쾌감과 그 일이 나에게는 일어나지 않으리라는 확신을 내포한다. 이 챕터의 앞부분에 나온 에밀의 이야기에서 자신의 신체 일부분을 배부르게 하고 싶지 않았던 여성이 느낀 불쾌감과 자신은 에밀처럼 뺨을 맞지 않을 것이라는 확신이 바로 그것이다. 우리는 그 확신을 바탕으로 상황을 방관한다. 이 두 가지 조합은 즐거움을 느끼게 하고, 웃음을 유발한다. 그 시작에 웃음의 사회적 요소를 얹어보자. 혼자 이 이야기를 듣거나 읽었을 때보다 사람들 사이에서 저런 농담을 들었을 때 맥주 없이도 더 크게 웃으리라는 것을 알 수 있다.

기쁨과 불안이나 공격적인 요소의 조합은 기쁨이 더 강렬하거나 거의 전부를 차지할 때 더욱 명확하게 나타난다. 그때는 웃음도 사라진다. 화려한 만찬을 즐기거나 성관계에서 쾌락의 절정을 느낄 때는 웃지 않는다. 아직 긴장감을 느끼는 초반에는 웃을 수도 있겠지만, 그 행위를 통한 쾌락이 강해지면 웃는 것을 잊어버릴 것이다. 오르가슴을 느낄 때 배우자가 뜬금없이 웃음을 터뜨리고 낄낄댄다면, 그 상황이 웃겨서가 아니라 앞서 우리가 나눈 농담의 핵심을 이제 문득 이해한 것일지도 모른다.

추상적인 건 너무 어려워

수에서 칠십은 오십보다 큰가? 생각해볼 필요도 없는 문제다. 7은 5의 오른쪽에 있으니 같은 자릿수라면 7로 시작하는 숫자는 모두 5로 시작하는 숫자보다 크겠지. 한편 −7은 −5보다 왼쪽에 자리하니 작은 수다. 이런 논리가 우리 뇌에 각인되어 있다. 당신이 수학자라면, 이 말도 안 되는 설명이 이어지기 전에 책을 덮어버릴 것이다. 숫자는 왼쪽이든 오른쪽이든 그 어디에도 서 있지 않고, 방향과는 상관이 없다. 그저 크기를 나타내려는 추상적인 기호일 뿐이다. 이것이 바로 오늘의 주제다. 추상.

수 개념과 숫자는 우리 뇌가 받아들이기에는 너무 추상적이라 문제를 일으킨다. 물론 우리는 학교에서 숫자를 세는 법을 배웠다. 그에 따르면 수를 셀 때는 5가 먼저 나오고 7이 조금 나중에 나오므로, 7이 더 큰 숫자다. 이것은 마치 누가 시를 암송하는 것과 같다. 그 정확한 의미는 알지 못한 채 그저 읽어 내려갈 뿐이다. 그래서 보통 눈으로 사물을 인식하는 우리 뇌는 수와 관련해서는 그 기능에 문제가 생겨버린다. 수의 개념은 만지거나 눈으로 볼 수 없는 추상이어서 뇌가 인식할 수 없기 때문이다. 물론 우리가 종이에 적은 5나 7과 같은 수의 기호는 눈에 보이지만, 그 자체가 크기까지 함축하지는 않는다.

그래서 우리 뇌는 수의 크기를 예측해서 가상의 직선 위에 숫자를 크기대로 늘어세운다. 일렬로 늘어세우다니, 정말 기발한 개념이다. 모두의 머릿속에서 똑같이 왼쪽에서 오른쪽으로 점차 큰 숫자가 나열된다. "맞아." 당신은 이렇게 말할 것이다. "나한테도 오는 칠의 왼쪽에 있어! 난 나만 그런 줄 알았는데." 그렇지 않다. 이런 것이 인간의 행동과 뇌를 관찰하는 데서 느낄 수 있는 재미다. 이는 보편적인 현상이다. 하지만 당신이 오른쪽에서 왼쪽으로 숫자를 세는 사람이라도 책을 덮지는 말라. 언제나 소수의 예외는 있기 마련이고, 그것이 바로 생물 세계의 자연스러운 현상이기 때문이다.

이렇게 우리 뇌에 수가 왼쪽에서 오른쪽으로 배열되는 순서가 각인되었다. '각인'되었다는 것은 꼭 유전적이지는 않다는 의미다. 이 순서가 어떻게 습득되었는지, 글씨를 왼쪽에서 오른쪽으로 써 나가는 것과 얼마나 관련이 있는지는 알 수 없다. 아랍어와 같이 글씨를 오른쪽에서 왼쪽으로 써 나가는 언어권에서는 숫자의 크기도 오른쪽에서 왼쪽으로 커지는지 문득 궁금해진다.

어쨌든 이 밖에 공간 인식의 개인차도 여기에 영향을 미친다. 여기에 대해서는 연구가 더 진행되어야 한다. 그러니 내 머릿속을 예로 들어보자. 영부터 십까지는 같은 간격으로 나열되지만, 십부터 백까지의 거리는 영에서 십까지의 거리와 비교해 아주 조금 더 떨어져 있을 뿐이다. 천은 그보다 조금 더 멀리 떨어져 있지만, 역시 그 거리가 그다지 멀지 않다. 내 개인적인 이야기를 예로 드는 것에 흥미를 느끼지 않을 수 있지만, 지금은 다른 선택이 없으니 계속해보자. 내 머릿속에서는 숫자가 백만을 넘어가면서부터 오른쪽에서 왼쪽으로 써 내려져 간다! 심지어 가상현실 속에서 새로운 줄을 창조하며 저 멀리까지 계속해서 수를 나열한다. 이는 내 뇌가 제대로 기능하지 못하는 것이라고 볼 수도 있을 것이다. 당신의 순서는 다를 수도 있다고 생각한다. 하지만 이 부분에 대해서는 아무런 연구도 진행된 바가 없으니, 당신 상상 속의 수 배열이 궁금하다. 당신에게는 수의 크기가 어떻게 구분되는가? 뭐, 그 변화가 중요한 것은 아니다. 지금 중요한 것은 우리 뇌가 추상적인 개념을 접할 때는 공간적으로 질서 있게 배열하여 인식하기 쉽게 한다는 점이다. 우리의 의식은 상상 속에서라도 추상적 개념보다는 형태가 존재하는 것을 더 쉽게 이해한다.

잠시 모든 것을 옆으로 미뤄두고 다른 이야기를 해보겠다. 1970년대에 테이블에 일렬로 놓인 팬티 네 개 중 한 개를 선택하게 하는 실험이 진행되었다. 모든 팬티는 모양이 같았지만, 피실험자들은 이를 알지 못했다. 그들은 오른쪽 끝에 있는 팬티를 가장 많이 고르는, 높은 선호도를 보였다. 아무래도 우리는 스스로 생각하는 것보다 왼쪽과 오른쪽의 관계를 강하게 인식하는 것 같다.

비록 우리가 추상적 개념을 바탕으로 한 복잡한 구조, 즉 언어나 수학, 예술 등을 고안해내는 이성 능력이 있다는 것을 자랑스러워할지라도, 우리 뇌가 추상적인 개념을 이해하는 데 어려움을 느낀다는 여러 가지 증거가 밝혀졌다. 그중에서 다른 사람의 사기 또는 기만을 알아내는 것을 예로 들어보자. 최근 진화심리학은 인간의 행동 진화에서 사기 또는 기만의 중요성에 점점 큰 관심을 기울이고 있다. 인류만큼 복잡하게 사회적 공간을 공유하는 종은 없다. 우리 조상은 협동을 가장 핵심으로 하는 큰 규모의 조직 생활을 토대로 발전해왔다. 이는 현재도 마찬가지다. 각 구성원은 조직에 어느 정도 기여하고, 이로써 시너지 효과를 일으켜 조직이 큰 성과를 올릴 수 있었다. 그러면 협동으로 얻은 조직의 이득을 각 구성원이 나누어 가졌다. 그러자 한편으로 협동하지 않고 조직의 성과에서 이득을 얻으려는 사람들이 생겨났다. 우리 조상이 그러한 사기 행위를 막으려고 계속해서 점점 복잡한 시스템을 발전시켰으리라고 예상할 수 있다. 조직에 사기꾼이 적을수록 더 좋은 성과가 나기 때문이다. 최근 이런 점에 초점을 맞춘 연구들이 진행되고 있다. 우리 뇌가 추상 개념을 인식하는 데 어려움이 있다는 내 두 번째 예는 바로 이 연구들에서 나온 것이다.

고전적이지만 테이블에 카드 네 장을 놓고 하는 게임을 예로 들어보자. 각 카드의 한 면에는 숫자가, 다른 한 면에는 알파벳이 쓰여 있다. 여기에서 규칙은 카드에 쓰인 알파벳이 모음이라면 짝수와 함께해야 한다는 것이다. 테이블의 카드는 각 'a'와 'b', 그리고 '2'와 '3'을 보여준다. 카드 뒷면의 숫자 또는 알파벳을 알아내려면 어떤 카드를 뒤집는 게 가장 빠를까? 직접 게임을 해보길 권한다. 그전에 먼저 과반수가 틀린 답을 말한다는 이야기를 해두겠다.

사실 이 규칙은 매우 간단하다. 인류의 사회학적 · 인류학적 맥락에 적용해보면 더욱 확실해진다. 예를 들어보자. 성인에게만 술을 판매하는 바에 네 명이 앉아 있다. 첫 번째 사람은 물을 마시고, 두 번째 사람은 맥주를 마시고, 세 번째 사람은 미성년이며, 마지막 사람은 나이가 많은 남자다. 당신이 단속원이라고 가정하고 불법 주류 구매를 단속해야 한다면, 가장 의심이 가지 않는 사람은 누굴까? 이 문제의 답을 찾기는 매우 쉽다. 물은 다들 마실 수 있으니 일단 제외한 후, 맥주를 마시는 사람을 검사해야 한다. 어른들이 대신 술을 사주었을 수도 있으니 미성년자의 컵을 살펴야 할 것이다.

카드 게임과 두 번째 예는 같은 방식의 퀴즈이지만, 추상적인 규칙을 찾아내야 하는 전자보다는 후자의 답을 찾기가 훨씬 쉽다. 이는 우리가 어려운 사회 문제도 해결할 수 있지만, 추상적인 문제를 해결하는 데는 어려움을 느낀다는 방증이다.

그렇다면 이야기를 마치기 전에 마지막 예시를 들어보자. 우리 뇌는 각 부분이 다양한 특정 과업을 담당한다. 움직임을 관장하는 영역, 시각 정보를 처리하는 영역, 청각 정보를 처리하는 영역 등이 있다. 그리고 언어 행위의 근원이 되는 베르니케Wernicke 영역이 있다. 예를 들어, 우리가 '사과'라는 단어를 발음할 때 이 영역이 활성화된다. 하지만 단어를 읽을 때, 즉 추상적 상징을 읽어 언어를 사용하려고 할 때는 또다시 어려움이 생긴다. 우리 뇌는 일단 '사과'라는 상징적 글씨를 시각적으로 분석할 수 있는 부분으로 보낸 후, 청각을 담당하는 부분으로 보낸다. 다시 말하면, 우리 뇌는 일단 '사과'라는 단어가 어떤 소리를 내는지 알고 싶어 하고, 그 후에 언어를 만들기 위해서 언어 중추로 보낸다. 인류는 수십만 년이라는 긴 시간 동안 듣기를 바탕으로 언어를 발전시켜 왔다. 글자라는 상징 기호를 사용한 것은 역사가 고작 수천 년에 불과하다. 언어를 사용하려고 뇌의 분리된 영역을 진화시키기에 수천 년은 너무 짧았으리라. 따라서 우리는 쓰인 단어를 읽고 의미를 파악하기 전에 먼저 들어야 한다.

내가 결국 하고 싶은 말은 무엇일까? 이 예시들이 알려주는 것은 우리 뇌가 수십만 년 동안 각기 다른 속도로 진화했다는 것이다. 우리 조상은 도구를 만들고 그것을 더욱 복잡하게 발전시키면서 점점 다양한 지식을 이용했다. 도구 제작에 관한 지식과 함께 인간의 지성도 향상되었다. 뇌는 그 기능 면에서 점점 복잡해졌고 수많은 성과를 냈다. 그 결과 인류의 예술, 의식儀式, 그리고 과학이 정점을 찍게 되었다. 하지만 이러한 성과는 볼 수도, 들을 수도, 만질 수도 없는 추상적인 개념을 이용해야만 가능하다. 아마도 추상적 개념을 이해하고 이용한 것이 인간의 진화에서 가장 중요한 역할을 했을 것이다. 하지만! 이 추상적 개념은 아직 우리 뇌 속에서 합당한 자리를 차지하지 못했을 뿐만 아니라 그 개념과 관련한 독립적인 메커니즘도 존재하지 않는다. 아직도 우리의 뉴런에는 숫자나 추상성을 관장하기 위한 프로그램이 거의 존재하지 않는다. 우리 뇌가 추상적 개념을 잘 이해하는 듯 보일 수도 있으나, 아직도 수십만 년 전에 만들어진 프로그램들이 그 일을 하는 실정이다. 이 말은 곧 우리 뇌에서 진화가 서로 다른 속도로 일어난다는 것을 의미하고, 이는 우리 의식에서도 마찬가지다.

진화가 기여했든 기여하지 않았든, 가상의 일직선이 있든 없든 간에 칠십은 오십보다 크다. 그 문제로 밤잠을 못 이룰 이유는 없다. 이미 아주 오랜 시간 동안 사람들은 건물을 세우고 달로 발사체를 쏘아 올리고 우리 유전자를 밝혀내기 위해 이 수열을 사용해왔기 때문이다. 하지만 여전히 뇌가 추상성을 잘 이해하지 못하는 것은 진화의 이상한 방향을 알려주는 인류의 머릿속에 있는 흥미로운 화석이다. 재미있지 않은가?

사랑에 취한 사람들의 증상

음주 단속 중인 경찰이 차 한 대를 세운다. 차에 탄 여성은 창문을 내리고 활짝 웃어 보인다. 눈가에 장난기가 어려 있다. 그녀는 눈앞에 선 법의 집행자에게 뻔뻔한 미소를 띠고 이렇게 묻는다.

"제가 뭔가 도와줄 일이 있나요, 멋진 청년?"

조금 전보다 기분이 언짢아 보이는 경찰이 음주측정기를 흔들며 말한다.

"술에 취하신 건가요, 아가씨?"

"네." 그녀가 소리 내어 킥킥댄다.

"엄청요. 경찰관 어르신도 취하신 건가요?"

법의 집행자는 화가 나서 눈이 불타오른다.

"말조심하시죠. 음주로도 이미 충분한데, 더는 법의 집행자를 모욕하지 마십시오!"

"오, 존경하는 경찰관님. 저기 말이에요……." 그녀가 끙 하는 신음을 낸다.

다시 입을 열려고 할 때 경찰관의 화난 목소리가 그녀의 말을 막는다.

"아가씨의 혈중알코올농도가 어떻게 나올 것 같습니까?"

"저요? 0이요. 저칼로리 콜라를 좀 마셨고, 그거 외엔 엄청 많은 페닐에틸아민Phenylethylamine뿐이에요. 경찰관님도 생각 좀 있으신가요?"

"뭘 마셨다고요? 페닐에…… 뭐요?"

이 불쌍한 경찰관은 그녀의 말에 혼란스러워진다. 적어도 그가 보기에 그녀는 분명히 취했지만, 알코올이 아닌 다른 무언가에 취한 것이다. 바로 사랑에 말이다.

사랑에 빠진 이 젊은 여성의 말에는 잘못이 없다. 우리가 그 말을 너무 진지하게 받아들이지 않는다면 그녀가 취했다는 말은 맞기 때문이다. 사랑에 빠지면 술을 마셨을 때와 마찬가지로 정신과 이성이 흐려져 취한 듯한 상태가 되기도 한다. 하지만 사랑에 빠지는 것은 어떤 생물학적 효과도 없이 단지 기분이 좋아질 뿐인 술에 취한 상태와 달리 번식을 쉽게 해주는 진화의 유용한 시스템이다.

알코올에 취하는 것은 해로운 영향을 끼치는 에탄올 분자 때문이고, 사랑에 취하는 것은 주문을 거는 칵테일, 즉 페닐에틸아민 분자 때문이다. 페닐에틸아민은 종종 PEA라고 불리기도 한다. 잠깐, 취한 기분에 서두르지는 말자. 자칫 일을 망치기 쉽다.

번식은 꽤 복잡한 일이다. 남성은 수백만 개의 정자 중 하나가 난자에 도착하도록, 여성은 자신의 난자가 정자를 환영하도록 모든 노력을 기울여야 한다. '내 옆에 앉지 마!'에서 다룬 공간학의 이론처럼 사람들은 상대와 거리가 가까워질 때 본능에 따라 공격성이나 공포 또는 거리낌을 느낀다는 것을 고려하면, 정자와 난자가 만나게 하기 위해서는 선행 작업을 벌여야 한다. 여기서 그 선행 작업을 구체적으로 설명할 필요는 없고, 어쨌든 정자가 난자를 만나려면 곡예적인 동작의 개입이 필요하다. 또 남성과 여성이 거리낌이나 짜증 없이 협동해야 한다. 하지만 평소 우리의 행동 규칙으로는 가능하지 않은 일이다. 보통 상황에서는 그 누구도 그런 작업을 하려고 하지 않고, 그럴 생각조차 하지 않을 것이다. 이는 우리의 번식에 재앙과도 같을 것이고, 결국 인간은 멸종할 것이다. 그래서 진화는 이런 단점을 극복하고자 해결책을 찾기 시작했다. 바로 남자와 여자를 비정상적인 상태로 중독시켜 타인과 가까운 거리를 유지하는 것이 부끄럽거나 짜증 나는 일이라는 인식을 잊게 하는 것이다. 그러면 그들의 감각 능력과 사고력, 지각 능력, 민첩성, 보상 체계 등이 변화한다. 우리는 이를 '사랑'이라고 부른다. 이 시스템은 효과를 보여 사람들이 거북해할 상황을 그렇지 않게 느끼도록 한다. 심지어 이 두 세포의 만남을 쉽게 하고자 체내에서 유동액이 분비되어 세포들이 반감 없이 이 환각의 여행을 계속하도록 한다. 그러니 사랑은 결국 유전자가 한 세대에서 다음 세대로 이어지게 하기 위한 자연의 겁 없고 잔인한 사기나 마찬가지다.

보통 술에 취하려면 알코올이 필요한 것처럼 사랑에 빠지는 데는 다른 분자가 필요하다. PEA가 가장 먼저 생각날 것이다. 미국인은 이를 '사랑의 묘약love drug'이라고 부르기도 한다. 이 물질은 혈압을 상승시키고 에너지원인 혈중 당 수치를 높이면서 말 그대로 사랑을 부추긴다. 섹스 중 엄청나고 지속적인 노력을 하려면 에너지가 많이 필요하기 때문이다. 그 결과 오르가슴에 이른다. 이에 대해 오르가슴에 오른 동시에 환각의 정점에 오르기 때문에 기쁨을 충분히 누리지 못하는 결과가 된다고 안타깝게 여기는 사람이 있을지 모르지만, 사실은 정반대다. 기쁨을 위해 중독은 반드시 필요하기 때문이다. 또한 사랑에 취하지 않고서는 섹스의 기쁨도 누릴 수 없지. 이는 마치 평소에는 싱거운 농담으로 치부할 말에도 취했을 때는 깔깔 웃어대는 것과 비슷하다.

슬슬 이야기를 마쳐보자. 우리 뇌에서는 우리를 완전히 사랑에 빠진 상태로 이끌고자 더 많은 분자를 활성화한다. 기분을 좋게 하는 물질인 도파민dopamine과 엔도르핀endorphin이 대표적이다.

도파민은 기쁨 중추, 즉 대뇌 측좌핵에서 분비된다. 맛있는 음식을 먹고 마실 때나 다른 보상이 관련되었을 때도 분비되는데, 수많은 사람이 그렇듯이 섹스에서 보상을 찾는 사람들에게 도파민은 중요한 역할을 한다. 한편 엔도르핀은 모르핀과 같이 통증을 억제하려고 뇌가 스스로 만들어내는 자연 물질이다. 힘든 일을 할 때 분비되어 기분이 좋아지게 한다. 예컨대 한 시간 동안 조깅하고 나서나 섹스 도중에 분비된다. 그리고 옥시토신oxytocin이 있다. 매우 호감을 느끼게 하며, 그 밖에도 수많은 복잡한 기능을 하는 호르몬이다. 신체 접촉 시에 엄청난 양이 분비된다. 정자를 난자로 보내기 위한 행위에는 바로 이러한 접촉이 빠질 리가 없다.

요약해보자면, 사랑은 남성과 여성이 번식하도록 하려고 진화가 벌이는 화학작용이라고 말할 수 있다. 사랑을 그저 화학작용의 결과라고 하면 화를 낼 사람이 많을 것이다. 하지만 매우 물질적이고, 번식에만 초점을 두고 있으며, 생물학적이고, 또한 매우 냉정한 것이 바로 사랑이다. 그렇다면 인류에게 화학반응을 빼면 아무것도 없는 것일까? 그렇다. 지금부터 내 말이 거만하게 들릴지도 모른다. 당신이 원하든 원하지 않든 사랑과 사랑에 빠졌을 때 생겨나는 감정은 미안한 말이지만 그저 화학작용일 뿐이다.

누군가가 이에 항의하며 우리는 예술을 창조하는 미적인 높은 차원의 감정이 있지 않으냐고 할지도 모른다. 물론 그것은 부정할 수 없는 점이다. 그러나 그런 고상한 형태의 감정조차 우리 뇌 속에서 진행되는 자기磁氣 및 화학작용의 산물이다. 뉴런이 멀리멀리 신호를 보내면 분자를 통해 서로 전달한다. 전부 화학작용으로 일어난다.

그러면 예술가는? 예술가도 사랑의 아름다움에 대해 입을 다물어야 할까? 차라리 분자를 공부해야 할까? 당연히 아니다. 사랑에 빠지는 것이 우리 주변을 둘러싼 이 자연만큼이나 아름답다고 생각한다면, 화사하게 꾸며 더 나은 모습으로 만들어도 좋다. 그에 관해 이야기하고, 노래하고, 시를 짓고, 그림을 그리고, 연극을 하면 사랑은 점점 멋지고 아름다워질 것이다. 그리고 그래야만 한다. 진화는 우리가 선택한 속임수에서 비롯한 즐거움을 누리는 것을 허락했다. 그저 계속해서 번식할 수만 있다면 아무 상관이 없는 것이다. 예술가들이여, 계속해서 작업하라! 분자에는 신경 쓰지 말고.

그동안 경찰관은 자신의 책자를 꺼내 음주의 '음'으로 시작하는 부분과 페닐……인가 뭔가의 '페'로 시작하는 부분의 내용을 찾아본다. 그게 뭐였더라? 하지만 그는 아무것도 찾지 못한다. "아가씨, 대체 어떻게 말씀드려야 할지 모르겠습니다. 스스로 취했다고 하면서 아무것도 마시지는 않았다니요. 대체 어떻게 된 거죠?" 그녀가 장난스럽게 말한다. "이걸 한번 읽어보세요." 그녀는 당신이 방금 읽은 책의 페이지를 가리키며 얼굴을 가까이한 경찰관의 코에 키스하더니, 가속 페달을 꽉 밟아 날카로운 소리를 내며 순식간에 사라진다.

위험해.

담배를 끊기 위해 필요한 것

내 앞에 신문을 사려는 사람들이 너무 길게 늘어서 있다. 자, 기다리는 동안 무엇을 할까? 주변을 둘러보며 눈에 들어오는 모든 정보를 흡수할 것이다. 신문의 머리기사를 장식한 록 콘서트, 문제가 되고 있는 과음, 몸에 열이 과하게 오르는 여성들을 다룬 잡지, 저칼로리 사탕, 담배 상자들……. 그중에서도 담배 상자들이 내 시선을 사로잡는다.

상자 앞면의 반을 채운 검은 테두리 안에 멋진 글귀가 적혀 있다. '흡연은 건강상 심각한 해로움을 초래합니다' 또는 '담배 한 갑에 당신 수명 11분이 줄어듭니다'와 같은 글귀가 적힌 담뱃갑들이 서로 어깨를 나란히 하고 벽을 한가득 메우고 있다. 나는 갑자기 기침이 나오기 시작했다. 이런 경고 메시지에도 불구하고 수많은 손님이 신문과 함께 수명을 11분씩 단축하는 담배를 샀다. 일렬로 늘어선 담배들이 계속해서 죽음을 노래하는데도 사람들은 신경 쓰지 않는다. 내가 보기에 부모가 담배는 몸을 망치므로 피우지 말라고 주의를 시켰을 것 같은 어린 소녀도 담배를 산다. 이 소녀 한 명만이 아니라 요즘에는 수많은 젊은이가 건강에 대한 경고를 무시한다. 담배, 다량의 술, 마약이 그 커다란 위험에도 불구하고 끊임없이 소비되고 있다. 오, 젊은 사람들뿐만이 아니라 어른들 역시 과학적, 의학적, 그리고 자신들에게 주어지는 다른 경고들을 무시하고 위험 행동을 한다. 건강에 대한 충고가 제대로 전달되지 않은 것이다. 죽음의 벽을 보면서 어떻게 그런 행동을 할 수 있는지 나는 곰곰이 생각해보기로 했다.

일단은 교육학과 심리학에 진화적 시선을 적용해야 할지도 모른다. 위험 행동에 이성적으로 대처하지 못해서 과거 인류의 행동양식을 살펴보아야 하는 것이다. 과거의 사람들은 어땠을까?

"아저씨, 얼른 주문하세요!" 내 뒤의 손님이 큰 소리로 말했다.

"아이코, 죄송합니다!" 나는 그제야 내 앞의 줄이 모두 사라진 것을 알아채고 바로 대답했다.

위험 행동과의 싸움에서 "술에 잔뜩 취하면 뇌세포가 손상되는데, 아나요?"라는 식의 이성적인 충고는 통하지 않는다. 위험 행동의 동기가 지식보다 강하게 작용하기 때문이다. 바로 자신을 한 조직과 동일시하고 싶어 하는 원동력, 그러니까 자기가 속한 조직과 일체감을 느끼고 그로써 자신이 그 조직의 한 구성원임을 입증하려는 동기다.

사람들은 다양한 조직에 소속될 수 있고, 그러고 싶어 한다. 동호회, 협회, 정당, 동네, 뜻을 같이하는 모임……, 이러한 다양한 조직에 속해 일체감을 느끼고자 사람들은 무의식적으로 매우 노력한다. 페이스북 같은 SNS가 성공한 것도 바로 사람들의 그러한 소속 욕구를 자극한 덕분이다. 즉, 마우스로 클릭 한 번만 하면 소속 구성원이 될 수 있다. 그러고 나면 당신은 그룹 내에 또 어떤 구성원이 있는지, 또 그들이 어떤 일을 하고 어떤 일은 하지 않는지 등을 알고 싶어 한다. 이 중에서 소속된 조직의 특성에 이렇게 애착한다는 점이 바로 우리가 알아야 할 것이다. 하지만 너무 서두르진 말자. 이 애착감에 대해 자세히 살펴보기 전에, 일단은 다윈의 안경을 쓰자. 조직에 소속되길 원하는 동기가 별 볼 일 없는 것이 아니라 중요한 생물학적 뿌리가 있는 현상이라는 점을 분명히 알아두기 위해서다. 그 후에 계속해서 이야기를 나눌 수 있을 것이다.

우리 조상이 수십만 년 동안 평균 일이백 명 규모로 조직을 이루어 생활했다는 것이 연구를 통해 밝혀졌다. 이 조직 내에서 태어나서 죽고, 배우자를 찾았으며, 동맹을 맺고, 아이를 양육하고 가르치는 등의 사회생활을 했다. 꼭 그 순서대로인 것은 아니었지만.

주변에는 언제나 '낯선 사람들'로 구성된 다른 조직이 있었다. 조직 구성원들은 병의 전염과 같은 다양한 이유로 다른 조직을 기피했을 확률이 높다. 한 조직의 구성원들은 반복적인 접촉으로 몸의 박테리아나 기생충이 서로 동일했다. 이를 바탕으로 그 조직 내에는 그들만의 면역 체계가 형성되었다. 하지만 다른 조직에 속한 사람에게는 자신들이 모르는 기생충이 있을 수 있으므로, 예컨대 외부에 나가 사냥하거나 음식을 찾을 때 그들을 피하는 것이 낫다고 여겼을 것이다.

그런 이유에서 자신이 속한 조직의 구성원을 아는 것이 매우 중요했다. 누가 우리 조직 사람이고 누가 아닌 거지? 같은 조직의 구성원인지 알아보기 위해서 머리 모양, 복식 등과 같은 인식 신호가 존재했다. 또한 특정 의미를 나타내는 일정한 동작 신호도 있었다. 예컨대 인사하는 방법, 언어나 사용하는 단어, 음식 선호도 등이 여기에 속한다.

이런 배경에서 인류는 어린 시절부터 자신이 속한 조직의 특성을 배우고 따라 했다. 조직이 행동하는 대로 행동하라는 메커니즘은 수십만 년 동안 우리 조상이 살아남는 데 기여했으며, 우리 유전자에 깊이 각인되었다. 오늘날에도 사람들은 여전히 자신이 속한 조직과 일치하고자 다른 구성원들의 행동을 똑같이 따라 하려고 한다. 그리고 그 형태는 점점 복잡해지고 있다. 과거에는 조직이 일이백 명 규모였지만 오늘날에는 인터넷과 텔레비전을 통해 조직의 규모와 범위가 매우 확대되었기 때문이다. 한편 초국적인 조직 속에서 하위의 더 작은 동호회, 협회, 뜻을 같이하는 모임, 그 밖에 비슷하게 무리를 짓는 다양한 집단이 생겨났다. 그러한 작은 조직에 몸담고자 하는 열망은 점점 강해졌다. 이와 함께, 사람들은 다른 조직의 행동은 배우거나 따라 하지 않았다. 정치적 의견이 다르거나 소외 계층이라는 이유로 그러한 조직과 일치되는 것을 꺼리는 것이다.

이제 이번 주제로 돌아가서 생각해보면, 우리가 수십만 년 동안 지켜온 인류의 특징을 위험 행동에 대비하는 교육에 적용할 수 있다. 당신의 자녀에게 담배는 폐에 나쁘다, 과음은 간에 나쁘다, 코카인은 뇌에 좋지 않다고 잔소리하는 대신, 그런 행동이 자녀가 원하지 않는 조직의 대표적 특성이라고 말하는 것이다. 누군가에게는 큰 의미 없는 조직이 내 자녀가 속하고자 열망하는 조직일 수도 있다. 그 반대도 가능하다. 그러므로 그 조직의 구성원이 담배를 피우거나 다른 위험한 행동을 한다면, 자신이 싫어하는 조직에 속한 사람으로 오해받을까 봐 그런 행동을 하려고 하지 않을 것이다.

뭐라고? 너무 고지식한 추론이라고 생각하는가? 다윈에 너무 심취한 사람이나 할 만한 말이라고? 그렇게 생각하는 독자에게는 미안하지만, 나는 지금 공상을 늘어놓는 것이 아니다. 이미 이 주제에 관해 실험적인 연구가 여러 번 진행되어 내가 말한 방법들이 효과가 있다는 것을 증명하였다.

예를 들어보자. 연구자들은 교정에서 학생식당으로 가는 학생 집단을 둘로 나누었다. 첫 번째 그룹에게는 정치와 대중문화에 대한 기사를 읽게 했다. 두 번째 그룹에게는 정크푸드를 먹는 것과 온라인 게임을 하는 것을 연관 지은 기사를 읽게 했다. 그 후 학생들이 식당에서 주문한 음식을 기록해 살펴보니, 두 번째 그룹 학생들은 정크푸드가 아닌 건강한 음식을 주문했다. 게임에 빠진 사람 같이 보이고 싶지 않았기 때문이다.

보모부터 시작해서 전문 교육인까지 모든 양육자가 다들 다윈의 안경을 쓴다면 더 많은 것을 배울 수 있다. 즉, 진화심리학과 진화생물학을 순수한 과학 영역을 포함해 여러 곳에 적용할 수 있을 것이다.

나는 주문한 신문의 값을 치르고 "기분 좋은 주말 보내세요!"라고 말하는 계산대 뒤의 여성에게 "네, 안녕히 계세요."라고 대답한 후 발길을 돌렸다. 그런데 다음 사람의 주문을 듣고 놀라고야 말았다. 그는 과학 잡지 〈에오스Eos〉와 담배 한 갑을 주문했다! 나는 바로 뒤돌아서 그의 귀에 무지한 사람들이나 담배를 피운다고 속삭였다. 그러자 그는 주문을 바꾸어 담배 대신 풍선껌을 샀다.

다윈의 덕분이다!

긴장한 사람들이 자기도 모르게 보내는 신호

한 텔레비전 프로그램이 내 인내심을 자극했다. 나는 그 기계 앞에 혼자 앉아 있었지만, 내 옆에 앉아 같이 보는 가상의 친구와 내기했다. "움직일까, 안 움직일까?" 바로 그때, 맹수와 같은 인터뷰 스타일로 널리 알려진 여기자가 젊고 경험이 없는 정치인과 그의 공약에 대해 인터뷰를 진행했다. 시청자들이 그렇게 생각하듯이 정치인도 자신의 의견을 똑똑히 표명할 기회가 많지 않으리라는 것을 안다. 이 언론인은 방송가의 새로운 질문 문화에 익숙했다. '대화의 주도권을 잡고 상대가 두 문장 이상을 말할 시간을 주지 마라'가 바로 그것이다. 의미 있는 질문을 하되 상대가 이를 반박하지 못하게 하는 것이다.

정치인은 긴장감 속에 앉아 있다. 그는 머릿속이 선거로 가득 차서 자신이 유권자들을 위해 무엇을 할 수 있는지 말하고 싶지만, 말을 할 기회를 얻으려면 치열하게 전투를 치러야 한다는 것을 안다.

"전형적인 긴장이지. 난 저 정치인이 '첫 번째 질문에 바로 전위 행동을 보여준다'에 걸겠어. 파리에서의 주말을 이긴 사람에게 줄 상품으로 걸지." 그러자 내 가상의 친구는 '일단 보자고'라는 듯한 시선으로 나를 바라보았다. 나는 그에게 젊은 정치인이 첫 번째 질문에 대답하기 직전에 한순간 의자 위에서 왼쪽에서 오른쪽으로 몸을 틀고 겨우 1센티미터밖에 안 될지라도 아주 조금 자리를 고쳐 앉을 것이라고 말했다. 그 움직임은 너무 순식간에 지나가서 아마추어의 눈에는 보이지 않을 것이다. 그래서 나는 가상의 친구에게 이제 어떤 상황이 벌어질지 미리 알려주고, 또 그 상황을 자세히 묘사한 것이다. 정치인이 두 번째 질문에 답할 때는 그런 일이 일어나지 않을 것이다. 그러자 가상의 친구가 물었다. "뭘 또 그렇게 대단한 듯 말해. 그런 건 다들 눈치채지 않을까?" 나는 텔레비전을 보는 시선을 돌리지 않은 채 그에게 우리 주변에서 늘 이루어지는 수많은 행동은 오직 전문 관찰자만이 알아챌 수 있다고 말했다. "행동 관찰은 쉽지 않아. 학생들에게 아무리 가르쳐도 제대로 관찰할 수 있는 학생은 얼마 안 되지."

내가 이런 내기를 하는 이유는 무엇일까? 왜 나는 저 정치인이 아주 짧은 시간 동안 아무도 눈치채지 못할 만큼 의자 위에서 몸을 살짝 틀 것이라고 확신할까? 이 상황은 바로 전위 행동轉位行動의 가장 전형적인 예시이기 때문이다. 전위 행동은 행동생물학에서 많이 거론되는 현상이다. 많은 동물에게서 찾아볼 수 있는데, 두 가지 동기가 충돌하는 상황에서 해결책을 찾을 때 목격할 수 있다. 새가 위협받는 상황에서 상대의 공격을 피하는 동시에 공격하고 싶어 할 때를 그 예로 들 수 있다. 위의 동기들이 충돌하는 이유는 동물들이 불안해하는 동시에 공격적이기 때문이다. 하지만 현실적으로 날아서 도망가는 것과 공격하는 것을 동시에 하기는 어렵다. 그래서 피할 수 없는 갈등이 생겨난다. 어찌나 짜증 나는지. 이때 그 상황과 전혀 관계없는 행위가 문제를 해결한다. 예컨대 자는 척하는 것이다. 진짜로 자는 것도 아니고, 자는 것이 갈등 상황과 관련이 있지도 않다. 단지 그 상황을 모면하려는 전위 행동일 뿐이다. 그런 행동을 함으로써 갈등은 해결되고, 긴장감도 사라진다. 행동 관찰 전문가들은 이런 행동으로 갈등 상황이 해결되는 것을 자주 목격한다.

당신의 개를 예로 들어보자. 당신이 쇼핑하러 나가 있는 동안 현관문을 잠가놓는다면, 집에서 기다리는 당신의 개는 갈등 상황에 놓인다. 가방을 가지고 나가는 주인이 마치 사냥을 나가는 것 같이 보여 따라가고 싶지만, 문이 닫혀 있어서 실행하지 못하는 상황이기 때문이다. 개는 점점 절망하게 되고, 쿠션을 물어뜯는 행동으로 공격성을 표출한다. 집에 돌아온 후 당신은 그 상황을 보고 약간 짜증이 날지도 모르지만, 당신의 개에게는 그것 말고는 선택의 여지가 없었다는 점을 이해해야 한다. 당신이 바로 개의 갈등을 초래했고, 개는 쿠션을 물어뜯는 것으로 고뇌를 해결한 것이다.

사람도 비슷한 행동을 자주 보인다. 앞서 내기를 한 데는 이를 증명하려 한 이유도 있다. 누군가가 사회적 갈등 상황에 부닥치면 심각한 갈등이 아니더라도 그는 무언가 그 상황과 관련되지 않은 행동을 한다. 몸을 긁는 것 같은 행동 말이다. 어딘가를 긁적이는 행위가 아마 인류의 가장 흔한 전위 행동일 것이다. 누군가에게 곤란한 질문을 해보자. 상대방은 대답해야 하는 상황과 대답하고 싶지 않은 마음 사이에서 갈등을 겪고, 개인 성향에 따라 머리를 긁거나 소매를 만지작거리거나 얼굴을 문지르거나 안경을 고쳐 쓰는 등 갈등하고 있음을 알아챌 수 있는 행동을 하게 된다. 지난 수년 동안 텔레비전에서 인터뷰에 능숙하지 못한 사람들이 첫 번째 질문을 받고 미미한 전위 행동을 하는 것을 보았다. 첫 번째 질문에 대답하기 전에 의자 위에서 자세를 살짝 고쳐 앉거나 아주 미미하게 상체를 움직일 것이다. 인터뷰 경험이 많은 사람은 질문이 얼마나 공격적인지와 그에 대처하는 방법을 알므로 이런 행동을 보이지 않지만 새내기들은 다르다.

이 행동이 대체 어떤 의미에서 쓸모가 있느냐고 물어볼 수도 있다. 아주 약한 긴장, 불안, 수줍음을 느낄 때 일어나는 행위인데, 몸을 만지작거리거나 긁적이거나 꼼지락대는 전위 행동이 없어도 우리가 일상생활을 하는 데는 큰 문제가 없다는 것이다. 그 말이 맞긴 하다. 전위 행동은 당신에게 직접적으로 쓸모 있는 것이 아니다. 적어도 지금은 그렇다. 하지만 우리 조상에게는 매우 유용했다. 아주 오래전에 우리 조상은 전위 행동을 다른 동물들처럼 긴장을 없애기 위해서만이 아니라 조직 구성원들에게 신호를 보내는 목적으로 사용하기도 했다. 자신이 긴장하고 있다는 신호다. 앞의 이야기에서 상대가 공격하려는 것을 알아챈 새가 자는 척한 것은 자신은 공격하지 않을 것이라는 신호와 같으며, 그로써 이 새는 갈등 상황을 피할 수 있다. 상대편도 굳이 위험을 무릅쓰고 싶지 않으므로 싸움은 그렇게 마무리된다. 하지만 오늘날 우리는 전위 행동을 그런 신호로 사용하지 않기 때문에 인터뷰 중인 여기자는 계속해서 정치인을 괴롭힐 것이다. 그래도 우리의 행동 양식에는 여전히 전위 행동이 각인되어 있고, 세대와 세대를 거쳐 전달된다.

전위 행위는 중요한 요소가 아니다. 단지 몇몇 행동생물학자만 열정적으로 관심을 보이는 분야로 그 행동을 자세히 안다고 해서 더 현명해지지는 않는다. 일상생활에서 전위 행위를 신경 쓸 필요는 없다. 억제할 수 있는 행위가 아니기 때문이다. 두드러지지 도 않을뿐더러 우리가 제어할 수 있는 것도 아니다. 전위 행동은 우리의 행동을 진화학의 시선으로 바라보고 싶은 사람들에게 우리 조상이 남겨 놓은 화석이나 마찬가지다. 이를 오늘날 사람들의 행동에서도 볼 수 있다는 점이 신기하지 않은가? 그것도 보통 냉철하다고 인식되는 정치인에게서.

텔레비전에서 잔혹한 여기자가 날 선 목소리로 첫 번째 질문을 던졌다. 정치인은 긴장한 얼굴로 마치 사형 집행자를 보듯 기자의 흥분한 모습을 바라보며 소속 정당과 국가의 정치적 미래에 대한 답변을 짧게 구상한 뒤 헛기침을 하고 약 0.5초 새에 왼쪽에서 오른쪽으로 아주 살짝 몸을 틀고 나서 입을 열었다. "이겼다!" 나는 같이 텔레비전을 보던 가상의 친구에게 외쳤다. 파리에서의 주말을 책임져야 해서 그런지 그가 마뜩하지 않은 시선으로 나를 바라보았다. 하지만 이건 내 머릿속에서 벌어진 가상의 이야기였지. 나는 소파의 빈 옆자리를 쳐다보며 혼잣말을 했다는 것을 깨닫고 머리를 긁적였다.

말을 많이 하는 사람이 결국 이긴다

파티 테이블에 앉은 당신의 표정이 꽤나 지겨워 보인다. 그냥 집에 있고 싶었지만, 집안 모임이라 이 자리에 끌려온 것이다. 무언가 기분은 전환해줄 사람이 없을까? 나! 내가 여기 있다. 사회적이지 못한 행동이지만, 과학적으로 사람을 관찰하는 즐거운 게임을 진행해보자. 이 게임은 기록할 공책이 필요한데 파티에 참석 중인 당신에게는 필기구도 공책도 없는 바, 냅킨을 챙기고 체리 소스가 담긴 그릇을 가져다 놓자. 특정 행동이 일어나는 것을 관찰할 때마다 체리 소스에 손가락을 담갔다가 냅킨에 빗금을 하나씩 치는 것이다. 그 특정 행동은 알아채기가 쉽다. 먼저 주위를 살펴보자. 조카 알베르타가 삼촌 필레몬에게 무슨 말을 하는지를 주의 깊게 듣고, 그의 대답에 알베르타가 말한 내용이 포함되어 있는지를 보

자. 그 대답이 알베르타가 질문한 주제에서 벗어난다면, 냅킨에 선을 하나 긋는다. 지금 한편에서는 할아버지가 자기 지식을 뽐내는 젊은이 두 명과 국내 정세를 논쟁한다. 그들의 대화를 잘 듣다가 이번에도 서로 말이 빗나갈 때마다 소스를 찍어서 빗금을 하나씩 긋는다. 그러다 보면 점점 재미가 붙을 것이다. 이 게임은 냅킨 한 장으로는 충분하지 않다. 왜 그럴까?

결론을 당장 요약해보자면, 우리는 사실 이성적인 대화를 이끌어나가는 데 능숙하지 않다. 여기서 이성적인 대화란 적절한 답변을 하고, 합리적으로 의견을 펼치고, 근거를 토대로 그 의견을 반박하거나 지지하는 것을 의미한다. 우리는 스스로 호모 사피엔스Homo sapiens, 즉 지성이 있는 인류라고 말하는데, 사실은 그렇게 말하는 것을 이제 그만둬야 한다. 우리는 보통 지성을 표현하는 도구로서의 언어를 자랑스러워한다. 또 훌륭한 정보 전달 수단과 궁극적 이성의 표현으로 의사소통을 사용한다는 것을 자랑스레 여긴다. 하지만 누군가의 대화를 몰래, 예의 없이, 불법적으로 엿듣는 나와 같은 사람들은 종종 그런 이성에 대해 회의를, 정확히는 이성의 부재를 느낀다. 대화하는 사람들은 서로의 말을 경청하지 않고 주장의 근거에 집중하지 않는다. 그저 자신이 말하는 데만 집중해서 결국 대화는 이루어지지 않으며, 서로 간에 의미 없는 말만 계속 오갈 뿐이다.

대화와 논쟁은 종종 정보와 의견 교환 외에 다른 기능을 한다. 고대 원형경기장의 역할과 비슷하다고 보면 된다. 즉, 사람들은 대화를 통해 지배 권력을 얻고자 한다고 볼 수 있다. 여기서 지배란 엄청나게 넓은 범위를 물리적으로 지배하는 것이 아니라 그보다는 규모가 작은 지배를 의미한다. 우리 유전자에는 다른 사람들을 넘어 더 높은 계급으로 올라서고자 하는 욕구가 깊이 각인되어 있다. 이를 위해 언어를 사용해서 그 목표를 달성하고 싶어 하는데, 여기서는 입 밖으로 내놓는 단어의 수가 중요하다. 회의에서도 결국 말을 가장 많이 한 사람이 자신의 의견을 관철하는 경우가 많다. 말의 의미보다 말을 얼마나 많이 했느냐가 우세를 차지하는 무기가 되는 것이다. 이상하게 들릴 수 있겠지만, 이를 설명할 근거가 있다. 우리의 복잡한 행동 시스템은 타인을 지배하고 타인의 관심을 받는 것을 평행선상에 놓았다. 주변의 관심을 많이 얻는 사람은 상대적으로 높은 지위를 얻을 수 있다. 그 관심 또는 주의는 바로 대화를 통해 얻어진다. 이때도 내용은 사실상 중요하지 않고, 말을 많이 하는 것이 중요하다. 회의장은 그저 권력 다툼의 무대이고, 말은 당신의 무기다. 토론에 참여하는 것을 영어로 'To take the floor'라고 하기도 하는데, 여기서 'floor', 즉 바닥은 원형경기장에서 결투가 벌어지던 공간을 뜻할지도 모른다.

대학을 고차원의 지식을 논하는, 황금과 같은 이성이 있는 상아탑이라고들 하지만, 그 안에서 벌어지는 회의 내용을 살펴보면 그런 말은 당치 않다. 몇십 년 동안 대학 안에서 나는 회의에 참여하기보다는 수동적인 태도로 이 지성이 갈등하는 장에서 그들의 모습을 관찰했다. 믿을 만한 통계를 제시할 수는 없으나, 나는 말한 시간의 길이와 그들의(이번에는 여성이 포함되지 않는다) 야망 사이의 상관관계를 찾아냈다. 시간이 흐르면서 아까 한 말이 반복되고, 내용보다는 말을 얼마나 많이 하느냐가 중요하게 여겨졌다. 이와 같은 모습은 바에서도, 파티에서도, 가볍게 대화를 나누는 자리에서도 찾아볼 수 있다.

이야기는 여기서 끝이 아니다. 말을 얼마나 많이 하느냐가 항상 지배나 야망과 상관관계가 있는 것은 아니다. 사람들은 자신이 더 낮은 지위에 있는 것으로 보이기 싫어서 말다툼하기도 한다. 우리는 말하는 행위가 지배를 결정하는 요소가 될 수 있다는 것을 배우지 않아도 무의식적으로 알며, 이를 이용하고 싶어 한다. 논쟁에서 한마디도 하지 않아 자기 위치가 낮아지는 것은 원하지 않으므로 무슨 말이든 한마디씩이라도 한다. 그 내용은 상관없이 그저 말한다는 것 자체에 초점을 둔다. 정치인들은 인류 역사가 생긴 이래로 이 전략을 사용해왔다. 의식적으로 그런 것은 아닐지 모르지만, 어쨌든 이 전략을 사용한다. 그래서 계속해서 말을 한다. 정치인은 말을 많이 할수록 더 많이 대중 앞에 모습을 드러낼 수 있고 관심을 받을 수 있으므로, 이로써 높은 득표수, 즉 힘을 얻게 된다. 따라서 인류에게 대화는 꼭 의사소통을 의미한다고 볼 수 없다.

우리의 대화에서 정보 전달의 기능이 한정적이라는 점은 대화 중에 서로의 설명을 끊는 데서 볼 수 있다. 새 냅킨을 가져다가 이번에는 상대방의 말을 끊는 것을 관찰하면서 빗금을 치고 세어보자. 그 또는 그녀가(이번에는 여성을 포함한다) 자기 생각을 주장하려고 얼마나 상대의 말을 자르는지를 냅킨에 표시해보자.

사람들은 상대방의 이야기에 흥미를 보이지 않는 경우가 매우 잦다. '내 얘기 먼저'라며 자신의 이야기를 더 중요하게 여기는 것이다. 그래서 이야기는 대화가 아닌 독백이 되는 때가 더 많다.

언어가 그다지 이성적인 수단이 아니라는 것을 설명하는 예시는 아직 많지만, 그 이야기까지 하면 얘기가 너무 길어질 것이다. 이야기를 끝내기 전에 한 가지만 더 알아보자. 언어의 그 효율성에도 불구하고 우리는 아직 무언가를 언어로 명확하게 설명하지 못한다. 신발 끈 묶는 방법을 설명해보라. 행동은 전혀 어렵지 않지만, 이를 말로만 설명하는 것은 너무나 어렵다. 마지막으로 한 가지를 더 말하자면 당신이 누군가와 대화를 나눌 때 얼굴을 맞대고 이야기하는 것을 선호한다는 것이다. 대화를 나누기 쉬워지기 때문이다.

하지만 당신이 자신의 오른쪽에 서 있는 사람에게 왼쪽에 놓인 물건에 관해 이야기한다면, 당신은 이야기를 듣는 사람이 있는 오른쪽이 아닌 물건이 있는 왼쪽을 계속해서 보게 된다. 이때도 사람의 인식을 알아보는 관찰 실험을 할 수 있다. 지나가는 사람에게 그의 뒤쪽으로 향하는 길을 물어보고, 그 사람이 어디를 바라보는지 보자. 그는 당연히 쳐다보리라 예상되는 당신이 아니라 당신이 가리킨 자기 뒤쪽의 길을 바라본다. 예외는 없을 것이다. 이런 결과는 듣는 사람이 당신이 하고자 하는 이야기를 이해하지 못하는 상황을 만드니, 어찌 보면 불합리하다.

어째서 이런 일이 일어나는 것일까? 우리가 지성의 정점이자 정보 교환 도구로 여기는 언어가 실제로는 그 역할을 다하지 못하는 것을 어떻게 설명할 것인가? 그 답은 수십만 년 전으로 거슬러 올라가 우리 언어의 기원에서 찾을 수 있다. 우리는 언어가 어떻게 발전해왔는지 절대 분명하게 알지 못하지만, 흥미로운 가정을 계속해서 내놓고 있다. 그중 다수가 지지하는 설은 처음에 우리 언어가 생긴 목적이 정보 교환이 아니라 조직의 구성원을 단단하게 결속하는 사회적 울타리에 가까웠다고 말한다. 조직이 제대로 기능하는 것은 우리 조상에게, 즉 최초의 인류 또는 유인원에게 매우 중요했기 때문이다.

원숭이 무리에서는 이런 조직성이 둘씩 서로 모여 앉아서 이를 잡아주는 약간 다른 모습으로 드러난다. 이렇게 계속되다 보면 수많은 짝이 생기고, 그 둘씩의 짝들이 모여 함께 전체 조직을 결속한다. 조직의 규모가 크면 클수록 이를 잡는 데 드는 시간과 에너지가 늘어나고, 더 많은 짝이 이루어질 가능성이 잠재함을 의미한다. 하지만 원숭이 무리에서와 달리 우리 조상들에게 이 방법이 통하기에는 조직의 규모가 너무 컸다. 음식을 찾고, 아이들을 가르치고, 생활에 필요한 다른 모든 일을 하면서 서로 이를 잡아줄 시간은 없었을 것이다. 수십만 년이 흐르는 동안 우리 조상은 그런 행위를 소리로 변환해서 나타냈다. 즉, 다른 구성원의 소리를 들으며 서로의 존재를 인식했다. 그것이 어떤 소리였는지 지금 우리가 알 수는 없지만, 원숭이의 접촉을 통한 의사소통이 소리를 통한 의사소통으로 바뀌었다는 점은 확실하다. 소리는 우리 조상을 하나로 묶고 조직의 결속력을 강화해주었다.

인간의 성대는 다양한 종류의 소리를 만들어낼 수 있다. 사회적 결속력이 있는 조직은 행동 양식에 따라 점점 많은 소리를 만들어냈다. 당연히 서로 다른 소리가 각각 특정 의미를 나타냈으리라고 추측하는 것은 어렵지 않다. 어떤 소리는 '순조롭군'이라는 의미였을 것이고, 다른 소리는 '난 배고파', 또 다른 소리는 '조심해'라는 서로 다른 의미를 나타냈을 것이다. 다시 말해, 단어가 생겨난 것이다. 그리고 오랜 시간이 지난 후 언어가 생겨났고, 점점 많은 정보가 언어를 통해 전달되기 시작했다. 짧게 말해서 우리의 소리, 즉 대화는 사회적 결속 메커니즘으로 시작되었고, 정보 전달의 도구가 된 것은 나중의 일이다. 이는 오늘날에도 우리가 입증할 수 있는 부분이다. 대중의 대화를 들어본 결과, 연구자들은 사회적 결속을 위한 대화가 대다수라는 결론을 낼 수 있었다. 수많은 대화는 정보 전달이 아닌 그저 대화 상대방과 결속력을 다지려는 대화였을 뿐이다.

언어의 초기 기능은 사회적 결속을 위한 것이었고, 시간이 흐른 후 정보 전달의 기능이 더해졌다. 이로 미루어 그 후에 또 구애나 예술 행위, 공격성의 표출과 같은 기능이 이어서 생겨났으리라고 볼 수 있다. 여기서 앞의 이야기에서 관찰한 모든 행동의 배경을 찾아볼 수 있다. 우리는 지금도 이런 모습을 매일 보거나 들을 수 있고, 가족 파티와 같은 장소에서 지루함을 없애줄 행동 관찰의 소재로 의미를 부여할 수도 있다.

드디어 체리 소스와 냅킨을 다 써버리고 말았다. 이제는 디저트를 즐겨보자.

박수! 박수!
그런데 왜 치는 거지?

무대의 막이 내렸다. 그리스의 유명한 작곡가 미키스 테오도라키스Mikis Theodorakis의 모습이 눈앞에서 사라지고, 우레와 같은 박수 소리로 강당이 들썩거렸다. 막이 다시 올라가고 테오도라키스가 무대 가운데에 서서 허리 숙여 인사했다. 나를 제외한 모든 사람의 눈이 그를 향해 있었다. 나는 힘 있게 손뼉을 치는 주위 관객들을 눈을 크게 뜨고 살펴보았다. 손바닥에 불이 날 만큼 박수하면서 같은 줄의 사람들이 왼손을 아래에 놓고 손뼉을 치는지, 오른손을 아래에 놓고 치는지를 세어보았다. 내가 있는 줄을 다 센 다음에는 앞줄과 뒷줄을 살폈다. 몇 초 후, 나는 만족스러운 표정으로 무대 위의 테오도라키스를 바라보았다. 결과가 예상대로여서 기쁘기 그지없었다.

내가 주변 관객들에게 집중한 이 상황은 약 20년 전 그리스의 위대한 작곡가가 안트베르펜Antwerpen에서 공연했을 때의 일이다. 최근에 잡동사니를 모아놓는 서랍 속에서 우연히 당시의 메모를 하나 발견했다. 거기에는 라디오 방송에서 나온 퀴즈에 대한 내 답이 적혀 있었다. 그 공연장에서 관찰한 결과를 토대로 한 내용이었다. 질문은 '우리가 존경의 표시로 손뼉을 치는 이유는 무엇인가?'였다.

인생의 가을을 보내며 새삼 느끼는 것은 과거 내가 남긴 기록을 볼 때면 낯선 사람이 써놓은 듯한 기분이 든다는 것이다. 마치 또 다른 내가 존재하는 듯한 기분이다. 이 기록이 정말 내가 쓴 글이 맞는지 긴가민가해서 웃음이 난다. 어쨌든 이야기하려는 것은 이게 아니라 위 질문에 대한 답이다. 그것을 여기에 소개하니 함께 읽어보자.

"박수는 비언어적 의사소통의 신호 중 하나입니다. 언어 없이 의사를 전달하는 방법이지요. 우리는 오랜 시간 동안 조상에게서 물려받은 선천적인 신호와 우리가 직접 사례와 모방을 통해 고안하여 세대에서 세대를 거쳐 전수하는 문화 신호를 구분합니다."
너무 어렵게 느껴질 것 같아 조금 간단하게 정리해보겠다. 감탄의 표시인 박수는 확실히 문화적인 의식이다. 그런데 그 이면에는 다른 행동 대부분과 마찬가지로 선천적인 요소가 숨어 있다. 지금부터 그 기능을 살펴보자.

박수의 기능은 명확하다. 갑작스러운 기쁨에 감사를 표현하는 것이다. 그 대상은 기쁨을 준 사람뿐만 아니라 그 기쁨을 함께 누리는 구성원들까지도 포함한다. 어째서 구성원들까지 포함하는지는 곧 그 이유를 알 수 있겠지만, 일단 우리가 보통 군중 속에서 손뼉을 친다는 사실만 봐도 이해가 될 것이다.

그런데 박수할 때 우리는 왜 손을 사용할까? 좋은 질문이다. 하지만 안타깝게도 여기에 대한 과학적인 대답은 존재하지 않는다. 또한 관련 주제에 대한 연구가 매우 적으므로, 이번에도 이 문제에서는 한 걸음 물러서야 할 듯싶다. 다만 있을 법한 가정과 설명을 통해 이 문제를 생각해볼 수는 있다. 단 어디까지나 가정이라는 점을 염두에 두길 바란다.

인간은 즐거운 일을 소리로 알리는 경향이 있다. "오!", "세상에!", "우아!" 같은 감탄사로, 아이들은 옹알이로, 우리의 사촌 침팬지는 '우우'라는 소리로 행복을 표현한다. 아마 감사를 표현하려는 우리만의 유전적 요소일 것이다. 이 외에도 목소리 대신 발을 구르거나 손뼉을 쳐서 소리를 내기도 한다.

에너지 소비 효율로 보자면 손으로 박수를 하는 것이 가장 경제적이다. 미키스 테오도라키스가 인사하는 동안 나는 내가 몇 번이나 손뼉을 쳤는지 정확히 셌다. 그동안 잊고 있었지만 당시에 사용하던 공책에 적혀 있었다. 나는 한 곡이 끝날 때마다 다른 사람들이 치는 만큼 똑같이 손뼉을 마주쳤고, 그날 저녁 총 1,023번의 박수를 했다. 만약 '브라보bravo'라고 언어 신호를 사용하거나 발소리로 그것을 대신한다면 그만큼 오랫동안 지속할 수 없을 테니 당신의 감동은 충분히 표현되지 못했을 것이다. 공연에 대한 감동과 감사를 표현하는 길이는 그 정도에 정비례하며, 박수는 전 세계적으로 통하는 언어이기 때문이다. 나는 그리스어로 '브라보'를 어떻게 발음하는지 모른다. 따라서 그 말은 감사를 표현하기에 적당하지 않고, 발을 구르는 것은 공격성을 드러내는 행위로 인식될 수 있으므로 적합하지 않다.

인간의 진화는 사족보행에서 이족보행으로 진행한 것으로 묘사한다. 두 발로 걸으면서 양손은 자유로워졌다. 그래서 그것을 다른 목적을 위해 사용할 수 있게 되었다. 예컨대 팔과 손을 움직여 의사소통하는 비언어 신호 등이 가능해졌는데, 박수가 여기에 해당한다. 손바닥에는 털이 없어서 그 소리가 묻히는 일은 없었다. 따라서 박수가 오랜 시간 동안 인류의 행동 양식으로 존재했으며 계속해서 개발되었을 가능성이 크다고 가정할 수 있다.

박수는 사회적 특징이 있다는 면에서 흥미롭다. 함께 모여서 치는 조직적인 행동이기 때문이다. 당신이 텔레비전 앞에 혼자 앉아서 브리트니 스피어스Britney Spears의 무대를 즐긴다면, 곡이 끝나도 손뼉을 치지 않을 것이다. 그 이유에 대해서는 이렇게 말하겠지. "당연히 안 치죠. 브리트니 스피어스가 내 방에 있는 것도 아니고, 손뼉을 쳐도 어차피 그녀는 못 듣잖아요." 그 말이 맞다. 하지만 그러면서도 사람들은 텔레비전에 나오는 것을 실제인 듯 인식하니 아이러니하다. 여러 사람이 모여서 함께 텔레비전을 볼 때면, 가령 축구 경기를 보다가 응원하는 팀의 선수가 골이라도 넣는다면 일제히 환호하는 것을 볼 수 있다.

이보다 흥미로운 사실은 우리가 거의 동시에 박수한다는 것이다. 텔레비전을 보던 사람들은 자연스럽게 같은 박자로 손뼉을 친다. 이러한 동일성은 당신이 느낀 감동을 더 강하게 표현해준다. 연구 결과에 따르면 0.64초의 박자로 동일성을 보인다고 한다. 수백 명이 넘게 박수해도 그 동일성은 유지된다. 또한 일단 박수가 시작되면 모든 사람이 동시에 손뼉을 치기 시작한다. 누군가가 첫 번째 박수를 하면 1, 2초 안에 모두 손뼉을 치기 시작하는 것이다. 여기에서 볼 수 있듯이 우리는 타인에 의해 단체 활동에 참여하도록 권유를 받는다. 행동생물학에서는 이를 '사회적 촉진social facilitation'이라고 말한다. 모든 관중은 이 메커니즘에 따라 자신을 조직의 일원으로 생각하게 된다. 그렇지 않다면 박자는 제각각일 것이다. 같은 박자는 구성원 간의 결속력을 다져준다. 이는 처음에 말했던 같은 집단의 구성원들에 대한 감사를 의미한다.

우리는 고마움을 사회적으로 표현하는 경향이 있는데, 그런 현상이 보편적이며 또한 동일성이 있다는 것은 이 행동에 유전적 구성 요소가 존재한다는 것을 암시한다. 하지만 여기에는 문화적 다양성 또한 존재한다. 예를 들어, 중국에서는 박수를 받는 사람도 같이 손뼉을 친다.

마지막으로 해줄 이야기가 있다. 오른손잡이가 왼손잡이보다 더 많다는 사실이다. 오른손잡이는 왼손을 아래에 놓고 오른손으로 손뼉을 치며 왼손잡이는 그와 반대다. 통계를 보면 공연장을 찾는 관객의 10분의 1은 왼손잡이라고 한다. 이는 미키스 테오도라키스의 공연에서 내가 센 숫자와도 일치한다. 다들 기립 박수를 하는 동안 나는 열심히 사람들을 살펴보며 숫자를 셌다. 오른손잡이는 서른두 명이었지만 왼손잡이는 고작 세 명이었다. 통계대로다. 그야말로 아름다운 공연이군! "브라보, 미키스!" 그가 나를 보며 손을 흔들었다.

모성애를 배반하는 진화의 진실

대기실에서 마냥 기다리는 것보다 더 짜증 나는 일이 또 있을까? 오늘도 기다려야만 했다. 그곳에 항상 놓여 있는 오래된 잡지도 내 눈길을 끌진 못한다. 그래서 나는 약간의 관찰을 시작했다. 대기실에 나 홀로 앉아 있는 일은 좀처럼 없으니까. 내 맞은편에는 한 엄마와 서로 복사해놓은 것처럼 똑 닮은 두 남자아이가 앉아 있었다. 세 살 정도의 일란성 쌍둥이 같았다. 두 아이는 기다림에 지쳤는지 징징댔다. 엄마는 얼른 차례가 와서 의사가 자신을 자유롭게 해줄 때까지 아이들을 조용히 시키려 노력했다. 화난 척도 해보고 아이들의 주의를 다른 데로 돌려도 보고 안아주기도 하는 등 엄마라면 누구나 알 만한 방법을 시도했다. 그중에서도 내 눈길을 끈 것은 마지막 방법이었다. 그래서 나는 낡은 잡지와 펜을 집어 들고 잡지 위에 세로로 줄을 그은 후, 빗금을 치기 시작했다. 왼쪽은 왼쪽 아이에게 해당하는 칸이고, 오른쪽은 그의 형제에 해당하는 칸이다. 아이 엄마가 안아주고 입맞춤하고 쓰다듬어주고 아이에게 애정이 담긴 말을 할 때마다 빗금을 치기 시작했다. 나는 가능한 한 그들을 관찰하며 빗금을 치고 있다는 사실을 들키지 않으려고 노력했다. 아이 엄마가 웬 나이 든 사람이 자신을 쳐다보는 것을 알아채면 괜한 오해를 살 수도 있기 때문이었다. 함께 온 아이들의 할머니가 아이 엄마에게 조용히 물었다. "둘 다 진찰을 받아야 하니?" "아뇨, 야스퍼만요. 야스퍼가 또 아파요." 이름을 듣고도 두 아이 다 아랑곳하지 않는 바람에 누가 야스퍼인지 알 수 없었다. 하지만 의사가 아이를 데리러 오는 순간에는 알게 될 것이다.

이십 분 동안 계속해서 빗금을 치던 중, 복도에서 누군가가 걸어오는 소리가 들렸다. 나는 빗금 치기를 멈추고 각각의 개수를 세기 시작했다. 왼쪽에는 열여섯 개, 오른쪽에는 열세 개였다. "좋아, 야스퍼는 오른쪽이야." 내가 혼잣말하는 순간 의사가 대기실의 문을 열었다. 그러자 아이 엄마가 오른쪽 아이를 데리고 일어나서 그의 형제에게 잠시 할머니와 기다리라고 말했다. 나는 마치 비상구 손잡이를 내리듯 허공에 주먹을 휘둘러 빠르게 내리꽂았다. "좋았어!" 그러자 모두 짜증 난다는 표정으로 나를 쳐다보았다. 하지만 내가 맞았다는 건 변함이 없지.

뭐가 맞았다는 것일까? 그전에 모든 엄마에게 이 글을 더 읽지 말라고 말하고 싶다. 아이를 사랑해 마지않는 부모에게는 너무나 불쾌한 내용을 담고 있기 때문이다. 바로 자신의 아이들을 차별하는 부모에 대한 이야기다. 계속해서 이 책을 읽는 엄마들은 나를 범죄자 취급하며 고소하겠다고 난리를 떨겠지. 모성애는 신성해! 아이들을 차별하다니, 당치 않아! 저런 책은 사라져야 해! 하지만 여성들이여, 엉뚱한 사람을 탓하지 말길. 나는 단지 독자들에게 우리의 행동이 어떻게 진화했는지 배울 수 있는 매우 흥미로운 이야기와 그에 관한 과학적 지식을 이야기해주고 싶을 뿐이다.

그것은 그 유명한 '건강한 아이 가설'이다. 이 가설에 따르면 엄마는 건강한 아이에게 더 많은 관심을 쏟는다. 즉, 다른 형제나 자매에 비해 건강한 아이는 관심과 포옹은 물론이며 장난감마저 더 많이 받게 된다. 냉정한 관점이지만 진화적으로는 충분히 설명할 수 있다. 우리는 그 옛날 우리 조상이 성공적으로 번식한 산물이다. 여기서 번식이라 함은 자신의 아이를 얻는 것뿐만 아니라 그 아이에게서 후대의 자손을 남기는 것을 말한다. 당신의 아들이나 딸에게 아이가 없다면 장기적으로 봤을 때 당신의 번식은 실패한 것이다. 아주 오랜 과거에는 약한 아이들은 생존할 확률이 낮았으므로 부모의 투자 역시 매우 적었다.

반면에 건강한 아이는 살아남아 손자를 안겨줄 것이라는 보증이 있었다. 따라서 엄마, 아빠는 약한 아이를 희생시켜 그 아이에게 돌아갈 투자를 건강한 아이에게 쏟음으로써 손자를 더 많이 얻을 가능성을 높였을 것이다. 그들이 우리 조상일 확률이 사실상 더 높다. 진화가 선택한 행동은 세대에서 세대에 걸쳐 오늘날까지 내려왔다. 이러한 이유로 부모는 건강한 아이에게 더 많은 투자를 한다고 추론할 수 있다. 이것이 바로 '건강한 아이 가설'이다.

당신은 화가 나서 행동생물학과 진화심리학은 엉터리에 불과하다고 생각할지도 모른다. 하지만 엉뚱한 데 화를 내기 전에 이와 관련한 과학적 연구 내용을 살펴보자. 미국의 한 통계를 보면 장애가 있어 번식 가능성이 낮은 아이들은 건강한 아이들보다 빨리 버려지거나 입양되고, 의학적 도움이 필요하지 않는데도 시설에 맡겨졌다고 한다. 물론 장애는 특수 상황이므로 이러한 예는 지나친 일반화일 수도 있다. 그렇다면 이번에는 쌍둥이를 대상으로 과학적으로 진행된 한 연구의 결과를 살펴보자. 이 실험에서는 먼저 각 아이의 건강을 비교한 후 엄마의 관심을 각각 얼마나 받는지 관찰했다. 그 결과는 인상적이었다. 생후 4개월의 쌍둥이 중 절반 정도는 건강한 아이가 더 많은 관심을 받았다. 하지만 나머지 절반의 쌍둥이에게서는 건강으로 차별이 일어나지 않았다. 하지만 생후 8개월 된 쌍둥이들의 경우 모두에게서 차별이 나타났다. 냉정한 이야기라고 생각할지 모르지만 이 실험 결과는 위의 가설을 뒷받침해준다.

그렇다면 이 냉정한 이야기를 조금 다른 각도에서 살펴보자. 다행히 건강한 아이와 약한 아이에 대한 투자의 차이는 매우 적다. 따라서 그 차이를 알아내려면 정밀하고 조심스러운 연구를 해야 한다.

아닌 게 아니라 그러한 연구는 이미 진행되었다! 완벽한 결론을 위해서는 더 많은 과학적 증거를 소개해야 하지만 여기서는 넘어가겠다. 어쨌든 짧은 연구였지만 몇 가지를 증명하기에는 충분하다. 첫 번째는 우리가 자신의 행동을 잘못 인식한다는 점이다. 인간은 자신을 이성적이고 사랑할 줄 아는 존재로 묘사한다. 그러나 대대로 물려받은 유전자에서 비롯한 특정 방향으로 밀어붙이는 무의식적인 행동들이 여전히 존재하므로 그렇게 단정하기는 어렵다.

이번에는 우리 조부모를 파헤쳐보자. 그들 역시 손자, 손녀들을 차별한다. 하지만 조부모는 건강을 이유로 아이를 차별하지는 않는다. 그 대신 정말 자신의 핏줄인지 아닌지로 차별한다. 역시 매우 민감한 부분이다. 어디 보자, 인간과 같이 체내 수정을 하는 동물의 수컷(인간이라면 남성이겠지?)은 배우자의 뱃속에서 자라는 '자손'이 자신의 핏줄이라고 확신할 수 없다. 어쩌면 그녀의 배속에 있는 아이의 아버지가 다른 남자일지도 모르는 노릇이 아닌가? 배우자의 부정, 간통은 당신과 나를 포함한 동물의 세계에서는 전혀 특별한 행동 양식이 아니기 때문이다. '자신의 핏줄에 대한 불안감'은 우리의 진화 과정 내내 남성으로 하여금 무의식적으로 어떠한 행동을 하도록 했다. 그들이 아이를 돌보는 데 열심이었으리라는 것은 확실하다. 아이가 생존해야 번식에 성공하기 때문이다. 하지만 그 아이에게 모든 것을 투자하지 않는다면, 다른 여성에게서 얻을 수 있는 잠재적 핏줄을 위한 에너지와 자원을 아낄 수 있었다. 어디까지나 수익률을 위해서. 이 또한 이성적 판단이 아닌 무의식적 동기에 따른 행동이라는 점을 더는 강조하지 않겠다. 반면에 엄마는 달랐다. 엄마는 아빠가 누구든 자신의 배에서 나온 아이가 자신의 아이라는 것을 늘 확신했으므로 남자들처럼 불안감에 괴로워할 필요가 없었다. 따라서 엄마는 아이의 양육에 집중할 수 있었다. 그것은 오늘날도 마찬가지다. 이러한 특성은 문화권을 불문하고 엄마가 아빠보다 아이를 열심히 돌본다는 사실에 대한 근거가 된다. 또한 확실한 곳에 투자하라는 경제적 원리에 따른 행동이기도 하다.

그런데 이것이 할아버지, 할머니의 차별과는 어떤 관련이 있을까? 먼저 할아버지를 살펴보자. 할아버지는 아들이 안겨준 손자나 손녀가 자신의 핏줄이라고 확신하지는 못한다. 아들이 자신의 핏줄인지도 확실하지 않은데 하물며 손자와 손녀가 정말 아들의 핏줄인지는 더욱 의심스러울 수밖에 없다. 반대로 할머니는 자신의 딸과 그 딸이 낳은 아이와의 생물학적 관계를 확신한다. 그러므로 외할머니는 손자, 손녀에게 용돈, 선물, 관심, 교육, 애정과 같은 형태로 가능한 최대의 투자를 하지만, 친할아버지는 최소 수준의 투자에 그친다. 외할아버지와 친할머니는 그 사이에 있다. 이번에는 어디선가 친할아버지들의 원성이 들려오는 듯하다! 하지만 손자, 손녀 수천 명과 그들의 조부모에 대한 수많은 연구 결과가 진화적으로 조부모의 차별이 존재한다는 것을 밝혀냈다.

앞서 엄마가 건강한 아이에게 많은 투자를 하는 것은 맞지만 그 차이는 미미하다고 말했다. 조부모 역시 마찬가지다. 하지만 중요한 것은 여전히 차별이 존재한다는 점이다. 이에 대해 다음과 같이 말하고 싶은 할아버지가 있을 것이다. "하지만 내 아들과 그 아들이 내 핏줄이라는 증거가 확실하다면 내 투자 또한 변하지 않겠소?" 아니, 변하지 않는다. 앞에서 분석한 내용은 그러한 확신이 존재하지 않던 시절, DNA 분석 등의 친자 확인이 가능하지 않던 시절의 우리 조상으로부터 물려받은 무의식적인 동기에서 비롯하기 때문이다.

불쾌한 이야기지만, 가족 내에서 우리 행동이 중요한 진화적 영향에서 비롯한다는 사실은 변치 않으며, 이것은 다윈의 안경을 통해 확실하게 이해할 수 있다. 하지만 모성애와 부성애, 그리고 조부모의 사랑은 측정할 수 없기에 그에 관한 우리의 행동을 이성적으로 분석하며 미화하는 것은 쓸모없는 노릇이다.

번식을 성공적으로 이끌어온 메커니즘은 수백만 년 동안 우리의 행동을 결정하는 추진력이 되었다. 따라서 이 모든 것을 갑자기 없던 일로 만들 수는 없다.

야스퍼와 엄마가 진찰실에서 나와 나머지 쌍둥이 형제와 할머니를 찾았다. 야스퍼는 진찰을 받으면 아이스크림을 받을 수 있을 것으로 생각했는지, 무언가를 바라는 커다란 눈망울로 엄마를 쳐다보았다. 그러자 엄마는 이마를 찌푸리며 이 투자를 해야 할지 말아야 할지 망설였다. “제가 나중에 아이 많이 낳아 줄게요!” 엄마는 야스퍼의 설득에 넘어간다. “그래, 좋아. 대신 둘이서 나눠 먹어야 해.” 즉, 문화가 유전자에 영향을 미칠 수 있다는 말씀.

우리가 진화에 대해 오해하는 것들

강단 위에 놓인 테이블은 세 명이 함께 앉기에는 너무 작다. 하지만 어쩔 수 없지. 한 문화 단체의 지역 지부에서 '인간 행동에 대한 진화적 접근'을 주제로 한 토론에 참가해달라는 요청을 받았다. 물론 나는 찬성 측 패널로 초청되었다. 이 분야에 대한 수많은 오해는 종종 내 속을 뒤집어놓기에 이 기회에 본때를 보여주기로 하고 참여를 결정했다. 그런데 현장에 와보니 곧 후회가 밀려왔다.

네덜란드에서 참여했던 행사들은 사전 준비가 꼼꼼했고 토론자에 대한 대우도 매우 훌륭했다. 하지만 정작 내 나라의 행사는 그다지 유쾌하지 않다. 지금도 마찬가지다. 좁은 강당, 작은 테이블에 삐걱거리는 의자 세 개, 토론 상대, 사회자, 그리고 나. 이게 전부다. 테이블 위에는 물 한 잔도 준비되어 있지 않다. 심지어 행사는 예정 시간보다 이십 분이나 지연되고 있으며, 마이크도 작동하지 않는다. 하지만 우리는 좋은 결과를 위해 최선을 다하기로 마음먹었다.

사회자는 이 단체의 서기였다. 그는 청중에게 우리를 소개하고, 오늘의 토론 주제와 다음 달의 주제를 소개했다. 또 다음 일요일에 예정된 여행에 도시락을 챙겨오라고 공지하고, 아직 회비를 내지 않은 사람들에게 납부를 독촉했다. 마지막으로 오늘밤의 토론은 시사 문제에 관한 것이라고 덧붙인 후, 지부장은 건강 문제로 참석하지 못했다며 사과의 말을 전했다. "마이크가 아직 작동하지 않는 고로, 마이크 없이 조금 큰 목소리로 진행하겠습니다. 다들 제 목소리가 들리십니까?" 청중이 아무 반응을 보이지 않자 그는 서둘러 토론의 시작을 알렸다. 나는 여전히 목이 말랐다.

"우리는 진화심리학이 무엇인지 잘 압니다." 사회자는 인터넷 백과사전 위키피디아Wikipedia에서 출력한 내용을 소리 내어 읽었다. 현대 심리학의 목적이 인류의 진화를 통해 우리의 행동을 설명하는 것임을 그는 잘 이해하고 있었다. 우리의 행동은 수백만 년 동안 자연환경과 사회환경에 적응하면서 정립되었다. 특히 유전자는 행동의 적응에 크게 관여했고, 그것은 자연선택에 따른 진화로 인정되었다. 그가 말을 이었다. "문제는, 이러한 접근 방식에 모든 사람이 동의하지는 않는다는 것입니다. 그래서 몇몇 사람은……." 하지만 끝없는 서론에 짜증이 난 내 토론 상대가 그의 말을 잘라버렸다.

반대 측 그 몇몇 사람이 말입니다, 에……. 그러니까 진화심리학자들은 사람이 유전자에 의해서 정해진다고 말합니다. 즉, 우리는 염색체의 노예, 로봇과 다름없다는 말이지요. 하지만 저는 우리가 로봇 이상이라는 것을 문화가 증명한다고 생각합니다.
나 그 부분을 짚어주셔서 감사합니다. 그것이 바로 진화심리학에 대해 되풀이되는 오해이기 때문입니다. 저는 오히려 그러한 주장은 진화심리학의 관점과 반대된다는 점을 강조하고 싶습니다. 진화심리학은 진화에 관한 한 특히 생물학에 의지합니다. 생물학자들은 진화의 메커니즘에 대해 수십 년을 연구해왔고, 유전적 요소가 유전을 좌우한다는 것을 밝혀냈습니다. 즉, 염색체가 결정하는 것이죠. 하지만 그것은 단지 '한' 가지 요소일 뿐입니다. 환경도 한몫하며 행동의 발전을 이끌죠. 이 두 가지 힘이…….
반대 측 지금 전문적인 이야기로 진실을 숨기시려는 것 아닙니까? 어렵게 이야기해서 우리가 이해할 수 없도록 말이지요. 그보다 좀 더 쉽게…….
나 그렇다면 예를 들어 설명해보죠. 하지만 그 어떤 비유도 완벽하지 않다는 점을 전제로 합시다. 그야말로 비유일 뿐이니까요.

강을 건너는 배를 생각해봅시다. 이 강물은 일정 속도로 흐르고 배는 물줄기를 따라 하류로 떠내려갑니다. 이 배에는 프로펠러와 모터가 있고, 그 모터가 배를 강기슭으로 밉니다. 결국 강물과 모터의 힘은 충돌을 일으키게 되죠. 배가 가는 길은 두 힘이 합쳐져서 정해진 방향입니다. 물이 느린 속도로 흐를 때 배는 모터의 힘으로 문제없이 상류로 갈 수 있습니다. 이 정도는 물리학 지식 없이도 쉽게 이해할 수 있죠. 반면에 물이 빠른 속도로 흐를 때 배는 모터의 힘이 약하다면 표류하게 되고 상류에 도착하기가 힘들겠죠. 물론 그 사이에는 여러 가지 경우가 발생할 수 있겠습니다만. 어쨌든 제가 하고 싶은 말은, 물살과 모터처럼 유전자와 환경은 모두 우리의 행동에 영향을 미친다는 것입니다. 물살을 유전자로, 모터를 환경으로 생각해보면 이 메커니즘을 이해할 수 있을 것입니다. 가끔은 유전자가 더 큰 영향을 미치기도 하고, 환경이 더 큰 역할을 할 때도 있습니다. 심지어 문화에 의해 행동이 형성되는 경우도 있죠. 어쨌든 중요한 것은 배가 물살과 모터의 영향을 받는 것처럼 행동 역시 언제나 유전자와 환경의 영향을 받는다는 것입니다.

반대 측 아, 예. 충분합니다. 벌써 뱃멀미가 온 것 같네요. 하지만 선생님의 그런 관점은 잘못된 인식을 초래할 수 있습니다. 배우자 선택과 부정에 대한 이론을 가져와 보죠. 이런 종류의 과학이 간

통과 차별을, 그리고 다른 많은 것을 정당화하지 않습니까? 간통은 유전자 때문에 저지르는 것이니 용서받아야 한다면서요!

나 아닙니다, 그렇지 않습니다. 행동의 기원과 도덕적 기준은 아무 관련이 없습니다. 예를 들어, 제가 '차가 과속하네'라고 말한다고 해서 과속이 옳다고 생각하는 것은 아니니까요. 과거 우리의 행동이 지금까지 존재할 수 있는 것은 적응했기 때문이죠. 그래서 우리 조상이 살아남아 번식할 수 있었던 것입니다.

간통을 예로 드셨죠? 우리 조상이 번번이 그런 행동을 했다면, 아마 많은 아이를 얻었을 것이고 그 아이들에게 자신의 간통 유전자를 전해주었을 것입니다. 이건 좋지도 나쁘지도 않은, 그저 진화로 발전하고 존재의 기회를 얻으려는 단순한 메커니즘에 지나지 않죠. 오늘날 우리의 환경 · 사회 · 문화는 과거와는 완전히 다른 모습이고, 몇몇 행동은 이러한 환경에 이제는 적합하지 않습니다. 하지만 진화는 속도가 얼마나 느린지, 우리의 유전자는 그저 뒤처져 있네요. 아직도 자신들이 빙하기에 머무른다고 '착각'하는 것이지요. 그래서 행동을 연구해야 합니다. 그러면 어떤 개입이 가능한지 알 수 있겠죠. 그것이 바로 핵심입니다. 유전자는 우리의 행동을 단독으로 결정하는 것이 아니며, 우리는 얼마든지 행동에 개입할 수 있다는 점입니다. 가족의 유대를 혼란스럽게 한다는 이유로 간통을 좋지 않게 생각한다면, 간통을 저지르지 말자고 스스로 다짐하면 됩니다. 하지만 누군가가 간통을 저지른다고 해서 그것을 진화심리학의 잘못이라고 할 수는 없죠. 어디까지나 유전자의 힘에 의한 것이니까요.

반대 측 여전히 이해할 수 없군요…….

나 좋습니다. 그렇다면 아까의 배 이야기를 다시 해보죠. 강물이 너무 빠른 속도로 흐르면 배의 경로가 옆으로 휘겠죠. 그렇다면 선장은 엔진의 추진력을 올려야 할 것입니다. 그가 모터를 세게 작동할수록 목적지는 점점 가까워지겠죠. 거센 물살을 거스르며 자신의 배를 상류로 몰고 가는 것입니다. 하지만 목적지에 이르지 못했다고 해서 주어진 조건에서 원인을 찾는 물리학을 탓할 수는 없습니다. 원인은 거센 물살에 있는 것이니까요.

반대 측 좀 전에 문화 또한 배의 모터에 비유하셨습니다만, 문화 이야기는 전혀 없네요?

나 문화도 당연히 진화가 만들어냅니다. 인간에 비하면 아주 원시적인 모습이지만, 침팬지의 세계를 생각해보면 알 수 있죠. 진화를 거치면서 문화의 중요성은 더욱 강조되었고 진화에 지대한 영향을 미치고 있습니다. 그러므로 우리는 문화를 소중히 여기고 현명하게 다루어야 합니다. 문화는 폭탄을 떨어뜨리는 것과 마찬가지이기도 하죠. 긍정적인 면보다 부정적인 결과를 부를 때도 있기 때문입니다.

반대 측 그전에 근본적인 문제점을 지적하고 싶습니다. 진화심리학은 항상 우리 조상이 과거에 어떻게 행동했는지를 설명합니다. 하지만 그것을 선생님과 같은 분들이 대체 어떻게 아는 거죠? 그 시절에 대한 기록이나 영상을 보기라도 한 것인가요?

나 그것이 바로 이러한 이론을 '전래 동화'로 치부해버리는 고전적인 비판입니다. 그렇게 비판하시기 전에, 과거 인류의 행동에 대한 가정을 인정하기까지는 꽤 까다로운 조건을 통과해야 한다는 점을 기억하시길 바랍니다. 말씀하신 것 같은 이미지 자료는 없습니다. 하지만 보편성의 기준을 예로 들 수 있죠. 보편성의 기준이 뭘까요? 만약 어떤 행동이 전 세계 모든 문화권의 사람에게서 예외 없이 나타난다면 이 행동에 유전적 배경이 있다고 가정할 수 있습니다. 이것이 바로 보편성의 기준을 충족한 것입니다. 한마디로 우리 조상의 행동을 물려받았다고 볼 수 있는 거죠. 자꾸 선생님의 예를 빌려와 미안합니다만, 좀 전의 간통 이야기를 다시 해봅시다. 우리는 간통이 모든 문화권에서 예외 없이 일어난다는 것을 압니다. 즉, 고대부터 전해 내려온 행동이라 말할 수 있죠. 그 역사가 얼마나 긴지 모든 고등동물에게서 같은 행동을 찾아볼 수 있습니다. 그런데 이 행동에 미치는 유전의 영향은 작고, 대신 양육·종교·모방과 같은 환경의 영향이 크다면 문화적 차이를 목격할 수도 있을 것입니다. 당연히 국가에 따라 그 행동은 다양한 양상을 보이겠지요. 또한 어떤 문화권에서는 그 행동이 나타나지 않을 수도 있고, 어떤 문화권에서는 이런저런 모습으로 나타날 수도 있습니다. 그래서 진화심리학자들은 언제나 행동의 보편성을 확인합니다. 여기에 대해 알아볼 수 있는 과학 기술도 존재하고요. 또한 행동에 내재해 있는 적응성을 설명할 때는…….

반대 측 네, 알겠습니다. 너무 전문적인 이야기로 흐르는 것 같군요. 그런데 만약 진화가, 즉 자연선택이 되는 대로 이루어지는 것이라면 인류의 탄생은 어떻게 설명하지요? 미안한 얘기지만 결국 인간은 진화의 정점 아닌가요? 우리 뇌, 컴퓨터, 그리고 그 밖에 무엇을 봐도요.

나 저는 우리가 정점을 찍었다는 말은 감히 하지 않겠습니다. 우리가 다른 생명체와는 달리 컴퓨터, 현미경, 마천루, 그리고 수많은 무기를 만들어낼 수 있는 것은 사실이죠. 만약 그런 점을 정점으로 보고 싶다면, 좋습니다, 우리가 진화의 정점을 찍었다고 합시다. 하지만 그건 현 상황에서 정점을 찍은 거죠. 진화에 절대적 최고점이란 존재하지 않습니다. 자연선택은 기존의 행동 시스템을 개선하여 더욱 퍼뜨릴 수 있습니다. 그렇다면 기존의 시스템을 그중 최고라고 말할 수 없겠죠. 만약 우연한 변화가 일어나 더 나은 결과를 제공한다면 우리는 계속해서 다른 방향으로 나아갈 것입니다. 그 우연하고 긍정적인 변화의 한 가지 예로 우리 뇌가 커진 것을 들 수 있죠. 하지만 진화가 다른 길을 선택할 가능성도 있었습니다. 또는 우리 뇌가 미래에 더욱 발전을 거듭해 현재의 최고점을 넘을 수도 있지요. 가령 우리 뇌가 추상적인 개념을 더욱 잘 이해하게 될 수도 있는 것입니다. 자연선택론이 '임의로' 움직인다고 말씀하셨는데, 그 단어를 사용할 때는 주의해야 합니다. 환경은 우연히 변화하고 우리의 유전자 역시 우연히 변화합니다. 따라서 우연히 환경 변화와 잘 어우러질 수도 있는 것입니다. 하지만 궁극적으로는 가장 잘 적응한 유전자만이 선택되니 그것은 무작위가 아닙니다!

반대 측 지금까지 이야기를 듣고 나서도 어째서 소수 연구자만 이러한 관점으로 생각하고 연구하는 것인지 궁금하군요. 또 이러한 관점이 계속해서 비판받는 이유도요.

나 저도 궁금한 부분입니다. 아직도 진화심리학을 반대하는 의견은 꽤 많죠. 또한 인간을 진화의 자연적 산물로 보고 접근하는 행동생물학을 반대하는 사람도 많습니다.

과학적으로 보면 이러한 접근이 꽤 그럴듯합니다. 하지만 안타깝게도 사람들은 여기서 다양한 감정을 느끼는 것 같습니다. 다들 식물이나 동물을 이야기할 때 진화나 유전자가 언급되는 것은 불쾌하게 생각하지 않습니다. 자신들과는 별 관련이 없거든요. 하지만 그 대상이 인류가 되면 불쾌감을 느끼는 모양입니다. 종교와 이념은 인류가 지구에 존재하는 그 어떤 존재보다 우월하다고 해왔습니다. 가정과 학교에서는 물론이고 모든 문화에서 그렇게 가르쳤죠. 진화적 통찰력은 진화에서 거저 얻는 것이 아니랍니다(농담입니다!). 우리가 인류의 진화, 그중에서도 특히 행동에 대해 논하고자 하면 과학과 종교, 이념과의 갈등이라는 장벽에 부딪혀 어려움을 겪게 됩니다. 하지만 저는 걱정하지 않습니다. 진화행동학은 신생 학문이거든요. 행동생물학은 그 역사가 40년밖에 되지 않았고, 진화생물학은 30년밖에 되지 않았습니다. 과학사로 치자면 정말 짧죠. 많은 사람이 민감하게 생각하는 주제라는 점을 참작하면 더욱 그럴 수밖에 없고요.

따라서 더 많은 연구와 교육, 도서와 강의를 통해 이 관점에 힘을 실어줄 것입니다. 그러다 보면 사람들은 진화 속에서 자신의 위치를 찾고 겸손을 배우게 되겠죠. 다 잘될 겁니다!

"희망적인 메시지를 끝으로 토론을 마무리하고자 합니다." 조용히 앉아 있던 사회자가 말을 꺼냈다. "멋진 토론을 진행해주신 두 분께 감사의 말씀을 전합니다. 오늘 밤을 위해 작은 기념품을 준비했습니다." 그는 우리 두 사람에게 초콜릿 100그램이 든 상자를 나누어 주었다. 나와 상대방이 삐걱거리는 의자에서 일어났을 때 사회자가 물었다. "두 분, 물 안 드셔도 되겠어요?" 물이라고?

물이 어디에 있단 말인가? 내가 강물과 배 얘기를 꺼내니 이제야 물 생각이 난 건가? "아닙니다. 토론이 이미 끝나지 않았습니까." 우리가 합창했다. 물을 구하러 네덜란드라도 가야 하나?

다윈주의가 선사하는 행복

몇 년 전, 나는 암스테르담에서 빛을 발견했다. 다윈주의에 대한 강의를 마치고 노트북과 프로젝터를 챙겨 강의실을 나서려고 할 때였다. 수강생들이 떠난 강의실 구석에 중년의 작은 남자가 서 있었다. 한 번도 본 적이 없는 그는 부끄러운 듯 나에게 다가와 잠시 자신과 이야기를 나눌 시간이 있느냐고 물었다. 강의 때마다 교실이 학생들로 가득 차다 보니 질문할 용기를 내지 못하는 사람이 더러 있다. 하지만 이 남자는 단순히 질문 때문에 나를 부른 것이 아닌 듯했다. "꼭 하고 싶은 말이 있습니다." 그가 차분한 눈으로 나를 바라보며 말했다. "선생님의 책들이 저에게…… 평화를 주었어요." 그 말을 들은 순간 나는 무슨 말을 해야 할지 몰라 잠시 멍하니 서 있었다. "음……, 무슨 말씀이신가요? 제 책들은,

신앙이나 철학적 사색과는 거리가 먼 진화와 행동에 대한 책인데요." 나도 모르게 말을 살짝 더듬었다. 그가 말을 이었다. "저는 다윈의 시선을 통해 우리의 행동을 이해하면서 더 행복해졌습니다. 이전까지 저는 미리 정해진 규칙에 따라 행동해야 한다고 생각했습니다. 사법적 처벌이나 하늘의 천벌을 받지 않으려고 말이죠. 하지만 이제는 우리가 진화 과정의 산물이며 우리의 행동을 처벌하고 통제하는 눈 따위는 어디에도 없다는 것을 알았습니다. 다윈 덕분에 불안을 잊고 마음의 평정을 찾았습니다." 그는 많은 예를 들어 자신의 경험을 구체적으로 이야기해주었다. 그는 아마 자신의 이야기가 내 생각을 완전히 바꿔놓았다는 것을 꿈에도 모르리라.

내 책이 다윈의 이야기를 다루기는 하지만, 한 번도 다윈주의라는 일종의 학문으로 생각해본 적은 없다. 진화는 정해진 수많은 규칙을 따르면 행복한 삶을 약속하는 종교와 달리 매우 냉정한 패러다임으로 묘사된다. 나 역시 진화론을 통해 늘 평화를 느껴왔지만, 그것은 어디까지나 내 개인적인 취향일 뿐이라고 생각했다. 그런데 이 용기 있는 남자가 오늘 저녁 나에게 기쁨을 선사한 것이다. 마치 어두운 동굴에서 발견한 빛과 같았다.

당신과 마찬가지로 나는 일주일에 수백 통씩 이메일을 받는다. 수많은 스팸 메일을 비롯해 눈길을 잡아끌지 못하는 메일이 대부분이어서 '삭제' 버튼을 누르는 게 일이다. 당신도 마찬가지라고 생각한다. 하지만 가끔은 받은메일함이 나를 기쁘게 한다. 따뜻하고 아름다운 메시지를 담은 메일이 들어와 있기 때문이다. 주로 지금 이 중년 남성처럼 강의 후 감동을 적어 보낸 메일이다. 그런 메일이라면 기쁜 마음으로 몇 번이나 읽을 수 있다. 다음은 한 여성 독자가 보낸 메일의 내용이다. "선생님 덕에 과학이 친근해졌습니다. 감사해요. 인류를 진화의 산물로 보는 관점을 배울 수 있었어요. 여기에는 잘못된 것도, 겁낼 것도 없다는 것을 알았습니다." 이 반응들의 가장 큰 공통분모는 바로 '마음의 평화'였다. 메일을 보낸 사람들은 진화론이 과학적 지식을 넘어 삶의 의미를 찾을 수 있게 도와주었다고 말했다. 비록 나는 인생의 의미를 찾는 것을 불필요하게 여기지만 말이다. 어쨌든 사람들이 이러한 반응을 보이는 이유는 무엇일까? 다윈주의의 어떤 면이 그들에게 '평화를 찾아주는' 것일까? 한번 생각해보자.

과학은 삶이 우연히 형성되었다고 가르친다. 상상할 수도 없는 긴 시간 동안 분자가 우연히 반응하여 생명체가 나타났다. 이 말을 듣고 공상과학에서나 할 법한 이야기라고 생각할 지도 모르겠지만, 수억 년의 시간은 이런 우연을 일으키기에 충분했다는 과학적 증거가 상당수 존재한다.

삶의 본질을 논하는 데 '뜻밖의', '우연히'라는 표현을 쓴다는 것이 꺼림칙한가? 우선 조금 더 진도를 나가보자. 당신과 나는 일어날 가능성이 상당히 낮은 우연의 결과다. 당신의 부모가 서로 만날 확률은 매우 낮았고, 당신 아버지의 정자가 어머니의 난자에 다다를 확률도 매우 낮았다. 한마디로 우리는 그저 무한대로 낮은 확률의 결정체다. 그렇게 생각하면 우리가 지금 여기에 이렇게 서 있다는 사실이 정말 놀랍지 않은가? 이것은 우리의 운명을 결정하는, 암이나 잔인한 전쟁 등으로 지구 상에서 우리를 없애버릴 수 있는 존재 따위는 없다는 뜻이다. 하지만 우리는 자신을 스스로 책임지고 삶을 돌보아야 한다. 놀라운 확률로 이곳에 존재하게 된 만큼 자신의 행복을 위해 노력해야 한다. 죽은 뒤에는 지옥 불도, 천국의 안락함도 존재하지 않는다.

인류의 행동에 대한 연구는 우리가 엄청난 사회적 동물로 진화했다는 것을 가르쳐준다. 이 책에서도 이미 여러 부분에서 소개한 바 있다. 흰개미와 벌도 사회적 특징을 띠지만 인간만이 조직 내의 개인들과 영구적인 상호작용을 하는 것으로 알려졌다. 사회(라고 쓰고 조직이라고 읽는다)는 생명 활동의 일부로 우리는 조직 없이 살아갈 수 없다. 그런 이유에서 조직은 제대로 기능해야 한다. 개인은 조직의 결속을 위해 행동하며 조직원으로서 역할을 다한다. 이 모든 것은 이 세상에 존재하는 모든 인류에게 자연선택이 설계하고 각인해놓은 생물학적 규칙이라고 할 수 있다. 따라서 박애와 우애, 공유와 연대 등은 철학과 종교가 발명한 이념이 아닌 그저 우리에게 내재한 시스템으로서 지속해왔다. 지침이 아닌 자연의 순리인 것이다.

우리의 사회성을 유지하고 강하게 만드는 메커니즘의 예로 감정이입, 즉 공감을 들 수 있다. 요새 들어 공감이라는 말이 유행어처럼 널리 쓰인다. 수많은 정치가와 지도자, 종교인 들이 공감을 강조하지만 그 의미를 제대로 아는 사람은 드물다. 그들이 말하는 공감은 동정과 연민을 뜻하기 때문이다. 하지만 공감은 그보다 다양한 의미를 포괄하며 우리가 조절할 수 있는 범위를 넘어선다. 공감이란 타인의 감정을 전달받는 생물학적 메커니즘으로, 상대의 감정이랑 동일한 행동과 생리적 변화를 일으켜 자신 또한 의식적 혹은 무의식적으로 같은 감정을 느끼는 것을 의미한다. 인류는 수백만 년 동안이나 불안, 즐거움, 놀라움, 자부심, 역겨움과 같은 다양한 감정을 느껴왔다. 그 감정들은 우리의 삶과 사회의 기능을 최상의 상태로 유지하는 특별한 행동 체계다. 진화는 조직 내에 존재하는 여러 감정을 집단에 전달할 수 있는 공감을 선물했고, 이로써 조직 구성원들은 각자의 감정이 주는 좋은 효과를 공유하게 되었다. 그러므로 의식적으로 공감하려 노력하기보다는 자연스러운 공감 능력을 누르지 않는 데 초점을 맞추어야 한다. 진화가 준 공감이라는 선물로 회사, 학교, 스포츠클럽 등에서 사회성을 확보하여 더욱 효율성을 높일 수 있다.

“그리고 마지막으로 할 말이 있는데 말입니다…….” 그 남자가 머뭇거리며 속삭였다. “저는 동성애자인데요, 이제는 동성애자라고 드러내는 것이 전혀 부끄럽지 않습니다. 제가 비정상이 아니라는 걸 책에서 읽었으니까요. 물론 저는 예전부터 알았지만……. 제가 잘못된 것이 아니라는 과학적 근거를 언급한 글을 읽어서 기분이 얼마나 좋은지 모릅니다!” 말을 끝낸 그의 표정이 매우 행복해 보였다. 나는 그를 충분히 이해할 수 있었다. 동성애는 인간의 본성에서 나온 여러 행동 양식의 하나이고, 이러한 지식은 우리에게 평화를 줄 수 있기 때문이다. 하지만 수 세기 동안 동성애는 치료 또는 처벌받아야 하는 병, 즉 비정상으로 치부되었다. 오늘날까지도 말이다. 자신의 성정체성 때문에 마음 아파하고 심지어 몇몇 문화권에서는 처벌을 받고 폭행까지 당한 동성애자에게 물어보면 알 수 있을 것이다. 이성애자의 섹스는 번식의 수단인데 동성애자의 섹스는 그렇지 않으니 비정상인가? 잘라내야 하는 종양과 같은 존재인가?

그렇지 않다. 행동생물학과 심리학은 우리에게 다른 답을 알려준다. 섹스는 물론 아이를 낳아 다음 세대에 유전자 전달을 가능하게 하는 수단으로 시작되었다. 하지만 수백만 년 전에 유인원이 등장하면서 섹스에 두 번째 기능이 생겼다. 잘 돌아가는 시스템에는 새로운 기능이 추가되기도 하는데, 이는 진화 과정에서 종종 일어나는 현상이다. 인간의 사촌뻘인 보노보는 섹스가 긴장을 풀어 주며 개체 간의 유대를 강화할 뿐만 아니라 쾌락의 수단이 된다는 것을 발견했다. 보노보가 나누는 섹스는 번식을 위한 것만은 아니었다. 이는 동성애 행동의 뿌리가 이미 수백만 년 전부터 존재했다는 증거다. 즉, 대다수 인류의 성향인 이성애와 소수의 성향인 동성애라는 두 가지 시스템이 존재한 것이다. 이 시스템은 사람이 왼손잡이와 오른손잡이로 나뉘는 것과 다를 것이 없다. 소수인 왼손잡이라고 해서 처벌을 받아야 하는가? 동성애는 인간의 정상적인 행동 양식이고 진화를 통해 발전했다는 점을 아는 것은 오히려 멋진 일 아닌가? 동성애는 종교나 이념이 반대할 수 있는 영역이 아니다.

최근 연구는 인간의 동성애가 지니는 본질에 대한 더 많은 정보를 알려준다. '저는 70% 동성애자 30% 이성애자입니다'의 내용을 떠올려보자. 이성애자인지 동성애자인지는 흑백논리로 생각할 것이 아니라 그 사이에 다양한 회색이 존재함을 기억해야 한다. 인간은 대부분 동성애의 유전적 형질이 있다. 단지 정도의 차이만 있을 뿐이다. 여기서 추가 '덜 동성애' 쪽으로 기운다면 이성애자, 그 반대의 유전 배경이 있다면 동성애자로 볼 수 있다. 다시 말하지만, 흑과 백 사이에는 넓은 범위의 회색이 있고, 여기에 수많은 사람이 존재한다. 그런데도 동성애를 질병이나 비정상적인 행동으로 치부할 수 있을까? 다윈이 말하길, 동성애는 인간의 지극히 정상적인 행동이다. 끝.

동성애에 대해서는 해야 할 이야기가 너무 많으므로 여기서는 이쯤에서 멈추자. 요점은 인간 행동의 진화적 배경에 대한 지식은 우리의 삶이 비난받지 않을 것이라는 확신을 주어 우리의 기분을 좋게 하고 마음에 평화를 가져다준다는 사실이다. 다른 구성원들을 향해 저지른 잘못된 행동에 대한 처벌은 우리 자신이나 우리가 속한 조직이 내리는 것이지 손에 잡히지 않는 가상의 존재가 내리는 것이 아니다. 이를 뒷받침하는 예를 모두 열거하려면 《다윈의 안경》과 《두뇌 기계》를 다시 써도 부족하다. 더 많은 정보를 원하는 독자는 이 책들을 참고하길 바란다. 다윈주의와 인류의 진화적 기원에 대한 통찰력은 이념과 철학에 맞설 힘을 준다.

나는 다윈주의에 관한 자신의 사적인 경험을 공유해준 남자에게 인사한 후 기차역으로 걸음을 서둘렀다. 바깥은 어두웠지만 내 마음만은 어둡지 않았다. 누군가의 평화에 이바지했다는 생각에 뿌듯했다. 집으로 가는 기차 안에서 나는 생물학을 더 많은 사람에게 알리기로 마음먹었다. 펜이 어디에 있지? 신 난다!

이야기를 마치며

자, 드디어 다윈과 함께 인간의 행동을 둘러보는 산책을 마무리할 시간이 왔다. 이제 당신을 배웅할 일만 남았다. 서론에서 이 책이 다윈의 시선으로 인간의 행동과 세상을 보는 관점을 갖추는 데 도움이 되기를 바란다고 했던 것을 기억하는가? 아무쪼록 불필요한 지식이 되지 않았기를 바란다. 시중에는 진화, 인류, 그리고 인류의 행동을 다룬 훌륭한 책이 많이 나와 있다. 수많은 과학자가 우리의 행동을 분석하고 그 결과를 학술지에 발표했다. 그것은 과학의 발전뿐만 아니라 우리의 자아상 형성에도 크게 이바지한다. 인간에 대한 올바른 관점을 갖추려면 수많은 연구가 수반되어야 하는데, 그 과정을 사람들이 즐기면 즐길수록 좋다.

하지만 이러한 책들은 두 가지 치명적인 단점이 있다. 첫 번째, 너무 어렵다. 이러한 책은 대부분 같은 분야의 과학자를 위해 집필한다. 애초에 일반 독자를 고려하지 않는 것이다. 따라서 책을 이해하는 데 상당한 수준의 심리학과 생물학 지식이 필요하다. 사람들의 심리학, 생물학 지식수준은 저마다 상이하므로 대부분 독자는 책 읽기를 포기하고 만다. 두 번째, 범접하기 어려운 인상을 준다. 이러한 책은 인간의 행동 요소들을 찾으려면 멀고 험한 여정이 필요하다고 말하는 듯하다. 또한 인간의 행동 요소를 찾고자 실험실에 틀어박혀 연구하거나 책 속의 내용을 실험으로 증명하려고 밤낮없이 관찰에 매달려야 할 것 같은, 즉 코끝에 부엉이 안경을 걸친 노련한 전문가가 아니면 접근하기 어려워 보이는 인상을 풍긴다.

내 책에서는 이러한 단점을 극복하고자 노력했다. 이 책을 읽는 데 사전 지식이나 생물학 또는 심리학에 대한 배경지식은 필요 없다. 당신의 지적 수준을 무시하는 것이 아니라 그저 부담 없이 책을 읽을 수 있는 환경을 조성하고 싶었을 따름이다. 매일 밤 부담 없이 베어 물 수 있는 과학이라는 군것질. 우리의 행동에 대해 배우는 데 더 필요한 것은 없다.

내가 가장 원했던 것은 두 번째 단점의 해결이다. 고가의 장비로 가득한 실험실에 가거나 복잡한 관찰 기술에 숙달해야만 우리의 행동을 보고 듣고 냄새 맡을 수 있는 건 아니라는 인상을 주고 싶었다. 이런 것들은 필요하지 않다. 원한다면 장소를 불문하고 볼 수 있는 것이 바로 과거의 행동 요소다. 길을 걷다가 텔레비전을 보다가 카페, 슈퍼마켓, 버스, 음식점, 병원 대기실 등 우리가 일상을 보내는 모든 장소에서 교과서에 등장하는 행동생물학의 모습을 볼 수 있다. 또한 우리의 구두 언어와 문자 언어에서도 행동 화석을 찾을 수 있다. 사람들이 무슨 말을 어떻게 하는지 잘 들어보자. 그들이 무엇을 쓰고 어떤 질문을 하는지 읽어보자. 그래도 행동생물학적, 진화심리학적 현상을 관찰하기 위한 실험실이 필요하다고 생각한다면 그전에 누구든지 당신의 시야에 담아보자. 나이가 많든 적든, 남자든 여자든, 키가 크든 작든……. 인류는 24시간 접근 가능한 행동생물학 최고의 실험 대상이기 때문이다.

그런데 이 모든 것이 대체 어디에 쓸모가 있는 걸까? 진화라는 안경을 쓰고 우리의 행동을 살펴보는 것이 무슨 의미가 있을까? 그저 즐거운 모임에서 자신의 지식을 뽐내기 위한 용도일까? 아니면 자기 전에 읽는 가벼운 읽을거리일까? 그것만으로도 충분하다면 그것도 좋다. 하지만 나는 그 이상의 의미가 있다고 생각한다. 나는 이 책의 마지막 챕터를 의도적으로 '다윈주의가 선사한 행복'으로 정하고, 이어서 모든 이야기를 마무리하는 것으로 구성했다. 그 챕터의 내용이 우리에게 이런 지식이 필요한 이유에 대한 대답이 되리라 생각한다. 즉, '마음의 평화'를 얻는 데 도움을 줄 수도 있다. 물론 내 개인적인 생각이다.

인간의 행동과 진화에 대한 연구에 발을 내디딘 지 수십 년이 지난 지금, 나는 '행복'이라고 할 만한 것은 아니지만 거의 비슷한 것들을 수없이 느꼈다. 이렇게 말하니 왠지 마약이라도 한 것처럼 보일지 모르겠지만 '종교는 아편'이라고 했던 카를 마르크스Karl Marx가 이번에는 '다윈주의는 아편'이라며 비판할 기회를 주고 싶지는 않다. 인류의 본질에 대한 지식은 불안과 의심을 해소해줄 것이다. 초자연적인 힘이나 믿음을 통해 삶의 의미를 찾을 때 깃드는 불안과 의심을 말이다. 신앙은 좋다. 하지만 '이해하는 것'은 더욱더 좋다. 다윈주의는 우리에게 인류의 기원에 대한 지식을 알려주고 설명하여 강력한 무기를 선사했다. 당연히 남녀노소 누구나 그 지식을 알 권리가 있다.

그런데 그런 지식은 불필요한 장난감이라고 말하는 사람도 있다. 즉, 그 지식을 지금 당장 적용할 수는 없다는 점을 지적하는 것이다. 현재 행동생물학과 진화심리학은 순수 과학으로 분류한다. 연구자들은 단지 학문을 갈고 닦으려고, 또 먹고살려고 과학적으로 분석하고 책을 낸다. 하지만 이러한 연구 결과는 행동 개선이나 이상 행동의 치료가 필요한 여러 관련 분야, 그중에서도 정신의학에 크게 기여할 수 있다. 정신의학은 지금도 더욱 효과적인 정신 질환의 치료법을 찾는다.

오늘날 정신의학자들은 전 세기의 정신의학을 무조건 받아들이지는 않는다. 20세기 초반, 프로이트Sigmund Freud의 지배적인 정신의학적 관점이 등장한 이래 여러 가지 패러다임이 나타났다. 하지만 완벽한 만족을 주지는 못했다. 정신의학자들이 나를 비난할까 봐 염려하지 않아도 된다. 모두 그들이 직접 한 말이기 때문이다. 주위에서 고전 정신의학 이론과 프로이트를 적극 지지하는 정신의학자들을 찾아보는 것은 어렵지 않다. 하지만 진화론적 접근과 같은 새로운 관점을 찾는 학자가 많은 것도 사실이다. 나 또한 이 책에서 몇몇 챕터에 그러한 방향 전환에 대한 단초를 제시했다. 머지않은 미래에 진화생물학 및 심리학은 정신의학과 밀접한 관련을 맺을 것이라고 생각한다. 학문적으로나 의학적으로나 의미있는 변화다. 그뿐만 아니라 현재의 정신의학으로는 치료되지 않는 정신 질환으로 고통받는 사람들에게도 희소식이 될 것이다.

선사시대의 행동이 미친 영향에 대한 기본 지식이 부적절한 행동을 방지하는 데 도움이 될까? 물론이다. 오늘날 우리의 행동에는 여전히 수십만 년 전의 적응 내용이 담겨 있다. 하지만 그동안 환경과 기술, 사회는 엄청난 변화를 겪었고 그 옛날과는 전혀 다른 모습이 되었다. 이러한 변화의 불균형으로 우리는 가끔 괴상하고 위험하며 못된 짓을 저지르기도 한다. 과도한 공격성의 분출,

성폭력, 탄압, 이기주의 등등. 이와 같은 사회병리학적 문제를 줄일 수 있다면 그보다 좋은 일이 어디 있겠는가. 철학과 종교, 정치운동과 사회적 신념은 인간을 실제보다 미화하려 노력했다. 하지만 그러한 노력이 무색하게도 변한 것은 거의 없고, 오히려 차별과 강간, 전쟁까지 과거와 똑같은 행동이 되풀이된다. 다윈주의를 통한 인간에 대한 이해가 더 나은 세상을 만드는 데 일조할 것이라고 믿어도 될까?

오해하지 마라. 나는 다윈이 사람들을 개선해 고통받는 이 세상을 도울 것으로 생각할 만큼 순진하지는 않으니까. 진심이다. 그래도 다윈주의가 어느 정도는 도움이 될 것이라고 믿는다. 얼마나? 그것은 미래에 알게 될 것이다. 단언컨대 여기서 필요한 단 한 가지는 인류의 진화에 대한 더 많은 연구다. 여기에 세 가지를 덧붙이자면 교육, 교육, 그리고 또 교육이 필요하다. 이미 말했듯이 과학은 재미있고 유익하며 고귀하다. 하지만 그 지식이 우리 사회에 전달되지 않으면 그저 불필요한 장식품으로 전락하고 만다. 머지않아 다윈주의뿐만 아니라 모든 영역의 학문적 지식을 널리 퍼뜨려야 할 필요성이 대두할 것이다. 물론 그것은 과학적으로 단단히 무장된 것이어야 한다. 과학자가 자신의 지식을 일반인에게 팔지 못하거나 팔 생각조차 하지 않는 모습을 볼 때마다 마음이 아프다. 하지만 기자들이 종종 자행하듯이 관련 상식조차 없이 잘못된 지식을 퍼뜨리는 것도 달갑지는 않다. 이와 관련해 다음과 같은 두 가지를 제안한다. 첫째, 과학자가 직접 대중을 위한 과학 교육에 적극적으로 나선다. 둘째, 신문과 여타 대중매체는 제대로 된 전문 과학 지식을 전달한다. 이를 위해서는 흥밋거리를 찾는 기자가 아니라 관련 지식을 제대로 갖춘 기자가 투입되어야 할 것이다. 아직 갈 길이 멀다!

어느덧 출구에 도착했다. 당신의 관심과 영감에, 그리고 이 산책을 함께해준 것에 감사를 표한다. 웬 영감이냐고? 당신의 질문과 제안이 내 책상까지 들려온 덕에 글을 쓸 수 있었기 때문이다. 당신의 생각과 의심, 미소와 분노, 문제를 제기하고 자신의 행동에 고민하는 모습을 볼 수 있었다. 그러한 피드백이 내 수업과 강의를 더 즐겁게 한 것은 말할 필요도 없다. 40년에 가까운 세월 동안 나는 그러한 방식으로 학생과 청중을 대하며 즐거움을 맛보았다. 이번에는 이 책을 통해 때로는 의심도 품고 때로는 동감의 의미로 고개를 끄덕였을 당신에게서 같은 즐거움을 맛본 셈이다.

인류와 그들의 행동에 대한 진화적 관점이란 무엇인가? 이 책이 그 질문에 조금이라도 답이 되었다면 바랄 것이 없겠다. 뿌듯한 마음으로 당신과 따뜻한 악수를 나누며 이제 펜을 놓는다.

이 도서의 국립중앙도서관 출판시도서목록(CIP)은 e-CIP홈페이지(http://www.nl.go.kr/ecip)와
국가자료공동목록시스템(http://www.nl.go.kr/kolisnet)에서 이용하실 수 있습니다.(CIP제어번호: CIP2014007996)

The translation of this book is funded by the Flemish Literature Fund
(Vlaams Fonds voor de Letteren - www.flemishliterature.be)

다윈의 안경으로 본

인간동물 관찰기

초판 1쇄 발행 2014년 3월 21일
초판 2쇄 발행 2014년 12월 31일

지은이 마크 넬리슨
옮긴이 최진영
펴낸이 윤미정

편집 박이랑, 유예림
홍보 마케팅 하현주

펴낸곳 푸른지식 출판등록 제2011-000056호 2010년 3월 10일
주소 서울특별시 마포구 월드컵북로 16길 41 2층
전화 02)312-2656 팩스 02)312-2654
이메일 dreams@greenknowledge.co.kr
블로그 www.gkbooks.kr

ISBN 978-89-98282-10-3 03400